A NATURAL HISTORY OF OUR PLANET'S MOTH LIFE

被低估的鳞翅目

MOTHS
飞　蛾

[美] 安德烈·索拉科夫　　[美] 蕾切尔·沃伦·查德　著

黄嘉龙　译

湖南科学技术出版社·长沙

图书在版编目（CIP）数据

飞蛾 /（美）安德烈·索拉科夫,（美）蕾切尔·沃伦·查德著；黄嘉龙译 . -- 长沙：湖南科学技术出版社 , 2024.9. --（普林斯顿大学生物图鉴）. -- ISBN 978-7-5710-1686-9

Ⅰ . Q964-49

中国国家版本馆 CIP 数据核字第 2024XW6744 号

The Lives of Moths, 2022
Copyright © UniPress Books 2022
This translation originally published in English in 2022 is published by arrangement with UniPress Books Limited.

著作版权登记号：18-2024-176

FEI'E

飞蛾

著　者：[美] 安德烈·索拉科夫
　　　　[美] 蕾切尔·沃伦·查德
译　者：黄嘉龙
出 版 人：潘晓山
总 策 划：陈沂欢
策划编辑：宫　超　乔　琦
责任编辑：李文瑶
特约编辑：董　倪
图片编辑：李晓峰
地图编辑：程　远　彭　聪
营销编辑：王思宇　魏慧捷
版权编辑：刘雅娟
责任美编：彭怡轩
装帧设计：李　川
特约印制：焦文献
制　版：北京美光设计制版有限公司
出版发行：湖南科学技术出版社
地　址：长沙市开福区泊富国际金融中心 40 楼
网　址：http://www.hustp.com
湖南科学技术出版社天猫旗舰店网址：
　　　　http://hukjcbs.tmall.com
邮购联系：本社直销科 0731-84375808
印　刷：北京华联印刷有限公司
版　次：2024 年 9 月第 1 版
印　次：2024 年 9 月第 1 次印刷
开　本：710mm×1000mm 1/16
印　张：18
字　数：286 千字
审 图 号：GS 京（2024）1193 号
书　号：ISBN 978-7-5710-1686-9
定　价：98.00 元

CONTENTS
目录

INTRODUCTION
引 言

蛾类世界

　　记得是在 20 世纪 70 年代的一天，我路过学校一栋老旧的高层公寓楼。突然间我停下了脚步，心怦怦直跳。在砖瓦墙上，我认出了杨裳蛾那不容置疑的三角形身躯。为了不吓到它，我悄悄地靠近，并且极缓慢地伸出手，试着触碰它那毛茸茸的背部。杨裳蛾拍动前翅，露出那通常隐藏着的鲜红色的后翅，拼命地想吓退我。当我再次触碰它时，它便快速移动到更高处，随即收起翅膀，又变身为白杨树皮的一道"疤痕"。

　　植物作为飞蛾幼虫的食物，与飞蛾总是紧密关联着。哪种植物会在哪里生长是由许多因素决定的，包括地理学、演化历史、土壤成分，乃至阳光和水。不同的陆块上分布着不同的飞蛾群落，但无论是在热带雨林还是在荒漠中，飞蛾都带着与其所属栖息地相关的特殊印记。根据栖息地与地理位置的不同，飞蛾也会与许多其他生物发生交互作用，大到如灰熊，小到像病毒，都存在这样的互动。

　　在本书中，首先会介绍飞蛾从卵变为成虫的四个发育阶段，以及它们在不同环境下的生物学特征和行为习性；然后，书中的文字将带着你去冒险探索，了解在热带森林、草原、荒漠、苔原等诸多广阔的栖息地上发现的飞蛾实例。某些特殊的飞蛾经历了有趣的适应现象，占据了水域环境并把其作为栖息地，并且让人感到意外的是，部分种类的飞蛾还可以在水里完成生长发育历程；还有一些飞蛾居住在树懒的毛发中，有些则会吸食鸟的泪液，甚至有些飞蛾的幼虫还会捕食小蜂或水中的软体动物……飞蛾的神秘世界真是超乎想象！

　　飞蛾是具有移动能力的生物，许多种类的飞蛾能在不同的栖息地之间活动寻找蜜源，或是寻找可供它们产卵的植物。甚至，有些飞蛾会进行季节性迁移，有些则像我们

◀◀ ↗ 这两种美丽的飞蛾是作者小时候在城市中第一次遇见的飞蛾。左图是杨裳蛾（Catocala nupta），其幼虫取食白杨生长发育；右图是红天蛾（Deilephila elpenor），其幼虫取食柳兰，常生长在铁轨旁或城市的湿地中

人类一样比较灵活，并在它们所处的地理范围内形成了专门适应其栖息环境的不同的种群。这些都是特殊案例而非普遍现象，我希望通过展示这些作为各自生态系统不可或缺的组成部分的飞蛾，帮助人们评价鉴赏这些物种，了解它们在环境中所扮演的角色。如今，自然栖息地正以前所未有的速度消失，并为人类创造的栖息地所取代，也因此，重点强调栖息地类型与栖身其中的独特物种之间的关联性变得至关重要。也唯有通过保护栖息地，我们才能保护那些栖居其中的珍贵物种。

安德烈·索拉科夫

什么是蛾？

蛾作为古老的鳞翅目昆虫，其演化过程一直与植物紧密地联系在一起。大约在 1.3 亿年前，开花植物大量出现，与此同时蛾类也发生了多样性的分化。然而，早在 2 亿年前（比开花植物兴起时期早 7000 万年）就已出现的裸子植物，在蛾类的起源与物种形成中扮演了重要的角色。

蛾的起源

近年，研究人员在德国发现了一个约 2 亿年前的蛾类化石，这一发现使得鳞翅目昆虫的可能起源时间再次往前追溯，并由此产生了一个假说：在侏罗纪时期，开花植物出现之前，蛾类便已经发展出具有吸吮功能的喙，用来啜饮植物未成熟种子先端潮湿的水珠，当时的植物类似现今的针叶林。这种喙是下颚的左右两个外颚叶互相嵌合形成的一个管状器官。经过漫长而持久的演化，喙成了大多数蛾类（并非全部，极少数蛾类仍然保留着具有咀嚼功能的口部）与蝴蝶区别于其他昆虫的标志性口器。

蛾或石蛾

与蛾类亲缘关系最近的昆虫是毛翅目（Trichoptera）昆虫，统称石蛾。毛翅目昆虫同样在侏罗纪早期便已经开始演化发展，并且与鳞翅目昆虫一起被归至类脉总目。两者有一些相同的特征，例如幼虫都会吐丝，但也存在着巨大的差别：蛾类的翅膀上覆盖着鳞片，而石蛾的翅膀上则长满了毛。

蛾与蝶

人们常常想弄清楚蝴蝶和蛾类到底有什么关系，但最后可能会惊讶地发现其实两者并没有什么太大的区别。大约在 1.1 亿年前，蝴蝶由鳞翅目当中某一昆虫演化而来，而这一古老的昆虫是蝴蝶和蛾类共同的祖先。在将近 130 个科的鳞翅目昆虫当中，蝴蝶仅占了 8 个科。简单来说，蝴蝶只是蛾类演化树上的一个分支。根据鳞翅目昆虫的遗传分析

结果，羽蛾科（Pterophoridae）可能是与蝴蝶亲缘关系最近的类群。有些蝴蝶跟蛾类一样常在夜间活动，例如许多弄蝶和美洲丝角蝶 [丝角蝶科（Hedylidae），或称喜蝶科]。另外，也有许多蛾类是日行性的，而日行性这一习惯在蛾类的演化史中至少已经在不同类群中独立演化了 30 次。

生态上的重要性

相较于蝴蝶，蛾类的演化历史更为悠久，且由于经历过更加多样的栖息环境和生存条件，它们在形态和生活方式上也更加多样化。尽管一些蛾类的幼虫因啃食农作物被冠以害虫之名，但大多数蛾类与它们所在的生态系统的各个环节保持着平衡的关系，并且扮演着至关重要的角色，例如传粉者，或是成为

某些脊椎动物的食物。许多蛾类跟它们的宿主建立了相互依存的亲密关系，它们帮助植物的花朵传粉，无论缺少了哪一方，两者都将无法生存下去。正如同这本书所揭示的，蛾类在各种各样的生态系统中扮演着至关重要的角色。

↖ 驴蹄草小翅蛾（*Micropterix calthella*）是有颚类的古老蛾类家族小翅蛾科（Micropterigidae）的成员，其成虫以不同植物的花粉粒为食

↟ 蚕蛾总科的蛾类进化程度相对更高。例如小豆长喙天蛾（*Macroglossum stellatarum*）具有发育更完善的喙，能够在飞行中吸食花蜜

蛾的分类

地球上数百万种动物当中，有三分之二是昆虫，其中鞘翅目（甲虫）的种类最多，其次是鳞翅目（蝴蝶与蛾类）和膜翅目（蚂蚁、蜜蜂、各种胡蜂及寄生蜂等）。这三个目所包含的物种数量加起来占了所有昆虫物种数量的一半以上。

在鳞翅目昆虫当中，就种的数量来说，蛾远超过蝶，两者的数量比例至少是 8：1。分类学家一直试着要将动物进行分群，置于不同的分类阶元（例如科或属），并且希望这样的分类阶元是单系发生的（由一个祖先及其所有后代组成的类群）。"蛾"并不是一个特定的分类阶元，然而"蝶"却符合，为什么呢？这是因为包含了 7 个科的蝶类是蛾类的一个分支，该分支是一亿年前在蛾类演化树中由单一祖先进化出来的。

全世界大约有 15 万种蛾类，它们被分为 120 多个科，每个科又被细分成不同的亚科和属。在现今 DNA 分析的辅助之下，我们对蛾类演化历史有了更深入的了解，250 年来积累的形态学研究经验的蛾类分类正不断变动、更新。目前大多数大型蛾类，如大蚕蛾科（Saturniidae）与天蛾科（Sphingidae）都已经被描述，更多的物种多样性描述工作仍在持续进行，特别是针对那些正在快速消失的较小型以及热带的蛾类。

蛾的一个科可能很小，也可能非常庞大。举例来说，桦蛾（*Endromis versicolora*）所属的桦蛾科（Endromidae）仅包含 30 个物种；而裳蛾科（Erebidae）则包含了上万个物种，这些物种又分属于不同的亚科，例如灯蛾、苔蛾和黄蜂蛾所属的灯蛾亚科，裳蛾与其近缘类群所属的裳蛾亚科，以及毒蛾亚科的各种毒蛾。即使是同属一科的蛾类，彼此的外貌特征也可能非常不同，并且可能有着非常多样化的生活方式，但它们都可以凭借一些较为稳定的形态特征（例如翅脉相）被统一归类在一起。

蛾类科别选介

我们从众多的蛾类科群当中选择性列出了一些本书将提到的蛾类科别代表。较为完整的蛾类分科名录可详见本书 278 页。

澳蛾科 ANTHELIDAE	袋蛾科 PSYCHIDAE	毛蛾科 ACROLOPHIDAE	透翅蛾科 SESIIDAE
斑蛾科 ZYGAENIDAE	钩蛾科 DREPANIDAE	美钩蛾科 MIMALLONIDAE	
	谷蛾科 TINEIDAE	螟蛾科 PYRALIDAE	
	桦蛾科 ENDROMIDAE	木蠹蛾科 COSSIDAE	
	尖蛾科 COSMOPTERIGIDAE	枪蛾科 PTEROLONCHIDAE	
菜蛾科 PLUTELLIDAE	卷蛾科 TORTRICIDAE	鞘蛾科 COLEOPHORIDAE	蛙蛾科 BATRACHEDRIDAE
蚕蛾科 BOMBYCIDAE		裳蛾科 EREBIDAE	微蛾科 NEPTICULIDAE
草螟科 CRAMBIDAE			细蛾科 GRACILLARIIDAE
			小潜蛾科 ELACHISTIDAE
			燕蛾科 URANIIDAE
	绢蛾科 SCYTHRIDIDAE	绒蛾科 MEGALOPYGIDA	夜蛾科 NOCTUIDAE
巢蛾科 YPONOMEUTIDAE	枯叶蛾科 LASIOCAMPIDAE		
尺蛾科 GEOMETRIDAE			
			羽蛾科 PTEROPHORIDAE
刺蛾科 LIMACODIDAE	瘤蛾科 NOLIDAE	丝兰蛾科 PRODOXIDAE	展足蛾科 STATHMOPODIDAE
大蚕蛾科 SATURNIIDAE		天蛾科 SPHINGIDAE	织蛾科 OECOPHORIDAE
	箩纹蛾科 BRAHMAEIDAE		舟蛾科 NOTODONTIDAE

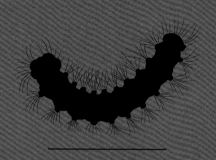

LIFE CYCLE

生活史

卵与产卵

　　蛾类的产卵习性依种类而不同，有的一次仅产一颗，有的一次产上千颗的卵。产下的卵有时会黏在寄主植物表面，有时则会插入寄主植物内；也有些雌蛾会从空中抛投产下卵粒。不同种的卵粒形状也各不相同，有的卵是标准的球形，有些则形似蛋糕、飞碟或足球。蛾类的卵可能是白色、透明或极鲜艳的颜色，它们必须是不显眼的或采用色彩隐蔽策略，以此来躲避捕食者。有些卵还必须要能抵抗从严寒、降雨到极高温等多种环境压力，保护未来将发育成蛾的这个直径不到 1 毫米的精巧娇弱的胚胎。

巧妙的建筑构造

　　我们或许会惊叹于土耳其圣索菲亚大教堂那独特的穹顶与拱门，认为它们是无与伦比的古代建筑的典范，但其实 2 亿多年来，蛾类一直都是这种建筑结构艺术的大师。当雌蛾卵巢中的卵泡细胞开始生成卵子时，未来将形成卵壳的蛋白质便排列成扁平的螺旋状，这一结构被称为螺旋体。最终卵粒的卵壳将由内外两个部分组成：外层是坚固但质地轻巧的支撑结构，称为外卵壳；内层则为具有透气结构的内卵壳。

　　和鸟类的卵一样，蛾类的卵粒也包含一个卵细胞，雌蛾将精子与正在形成的卵细胞分开储存在一个叫交配囊的特定囊状构造中，待卵细胞与精子结合受精后卵粒才会被产下。在卵壳里面，胚胎被一层膜和一层蜡质所包

‹‹ 夜蛾科金翅夜蛾亚科（Plusiinae）的雌虫一次可产下数百颗卵，此为草木樨上的卵群

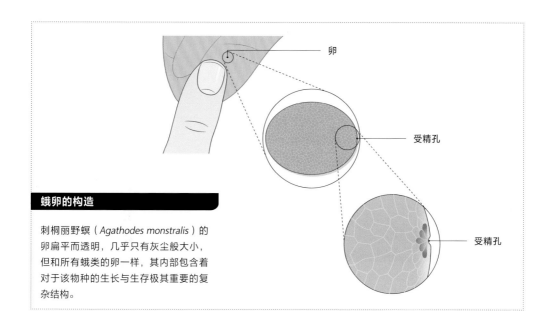

蛾卵的构造

刺桐丽野螟（*Agathodes monstralis*）的卵扁平而透明，几乎只有灰尘般大小，但和所有蛾类的卵一样，其内部包含着对于该物种的生长与生存极其重要的复杂结构。

卵

受精孔

受精孔

围保护。和鱼卵很像，蛾类的卵也具有一个开口，称为受精孔，精子即是通过此孔进入使卵受精。

保持气体的供应对胚胎来说至关重要，但不会影响安全性。一般来说，卵壳表面都会有额外的开口，称为气洞，空气可以通过气洞进入卵壳，并分布到内卵壳的气囊中。有些水生的螟蛾，例如褐斑塘水螟（*Elophila nymphaeata*），它们的卵可以依靠卵内的空气存活，或者更可能是依靠吸收被黏膜所捕获的空气中所含的氧存活，而这些黏膜也是将卵固定于水下植物表面的物质。当蛾类的卵被水淹没，一般陆生蛾类的卵会通过降低新陈代谢率并依赖贮存在气室中的气体生存一段时间，或依赖被卵壁表面刻纹结构所捕获的空气而存活。

蛾卵的形状

蛾卵的形状各异，从球状至扁平形都有。大多数蛾将卵产在植物表面，有些蛾会将卵产入植物组织内。

明智的产卵行为

　　有些雌蛾每次仅产下一颗卵，而且会在广阔的区域内尽可能多地产在不同的寄主植物上，这种产卵策略可以分散卵被捕食及其他危险，而且使每一子代能有更广阔的觅食范围和更丰富的食物。这样的产卵行为在蝶类中更为典型常见，因为雌蝶常常在白天活动，可以前往更遥远的地方寻找寄主植物。飞行快速的大型天蛾也有类似的行为，有些种类的天蛾会在白天或黄昏时，飞到很远的地方寻找合适的寄主植物。天蛾的卵呈球形，通常附着于叶子的下表面，整体呈现绿色而便于隐藏在环境中。此外，另一种主要营日行性的类群——透翅蛾科的蛾类，其卵也是单产，但它们会将卵藏匿在寄主植物的缝隙中，或将卵抛投在寄主植物附近的地面上[1]，孵化后的幼虫会钻进树干或植物根部觅食发育。有些雌蛾（例如丝兰蛾科）会将被称为产卵器的又长又尖的管状构造插入寄主植物组织，然后再将卵产入寄主植物组织内。然而，很多时候蛾类产卵都是一次性产下一批卵，这样很容易被捕食者和拟寄生物看见（寄生蜂和寄生蝇的幼虫会在蛾类未成熟的幼虫体内发育），看起来似乎很不合理，但其实这种行为不仅节省了雌蛾耗费在飞行旅途中的能量，而且还将雌蛾在白天遇见鸟类天敌、夜里遇见蝙蝠的风险降到了最低。成群产下的卵孵化出的毛毛虫，也常从群聚觅食中得到好处，它们更容易克服植物的防御机制。例如，华丽星灯蛾

1　原文中以 "dropped on the ground near it" 描述透翅蛾科物种的某些产卵行为。鳞翅目昆虫中，产卵行为描述使用drop作动词时，带有抛投式的含义。例如，egg-dropping意指抛投式产卵行为，卵不具有黏着性且不附着在寄主植物或物体表面，而是直接落在地面上。然而此种抛投式产卵行为主要见于蝙蝠蛾科（Hepialidae），未见于透翅蛾科。作者之意应指某些透翅蛾会将卵产在寄主植物附近的地面上（仍具有黏着性）。（译者注，下同）

🡤 美国白蛾产卵时一开始先产下数百颗的圆球形卵粒，然后再用腹部末端的毛将卵粒覆盖

🡡 圆掌舟蛾（*Phalera bucephala*）的卵底部较为平坦，能很好地附着在叶表面。黑色的斑点（受精孔¹）是精子进入卵的地方

🡥 伞树窗大蚕蛾（*Hyalophora cecropia*）以小卵群的形式将大而坚硬的卵粒产在各式各样的寄主植物上，其宿主植物科别多达20个以上

（*Utetheisa ornatrix*）和玉米眼大蚕蛾（*Automeris io*，又名孔雀蛾）都能以每次 10～50 颗的量，产下总数超过 300 颗的卵。随着这些具有化学防御能力的毛毛虫逐渐长大，它们可以分散开来单独觅食，也可以通过聚集成群向捕食者传递更强烈的警示讯号，从而得到额外的保护。在某些案例中，例如苹幕枯叶蛾（*Malacosoma americanum*）或美国白蛾（*Hyphantria cunea*），群聚且成群觅食的毛毛虫还会搭建一个公共的巢以提供额外保护，这些种类的卵也是以特别大的团簇方式产下；雌性美国白蛾可以一次性产下 400～1000 颗卵，然后便会死去。

---

1 受精孔极小且肉眼无法看见，此处意指黑色斑点为受精孔位置所在的区域。

颜色、覆毛与化学保护

　　为了能够融入环境，蛾类的卵可能是透明的，也可能具有其他奇妙的伪装色，进而使它们看起来与寄主植物的某个部位很相似，或是像真菌、枯枝落叶、鸟粪，以及产卵地周围的其他景观特征。蛾卵虽然很小，但对一些较小型的捕食者和寄生生物来说，例如各种蚂蚁、胡蜂、小花蝽或大眼长蝽，蛾卵仍然是理想的蛋白质来源。

　　有些雌蛾像是舞毒蛾（*Lymantria dispar*），会用毛覆盖卵块来保护它们；苹幕枯叶蛾则使用漆状分泌物，这些分泌物变硬之后能为卵提供一层保护屏障。舞毒蛾的卵块遭受鸟类捕食的概率高达 80%，然而相关证据显示这些卵块难以下咽，鸟不会一次性吞下所

↗　舞毒蛾将300～500颗成群的卵以卵块的形式产在树干上，并且将毛覆盖在卵块上以保护它们免受天敌的攻击

↘　暗双带幕枯叶蛾（*Malacosoma castrense*）产下的越冬卵群环形包裹着枝条，它用一种透明分泌物环绕保护着卵群，这种分泌物能像环氧树脂一样变硬

有卵，只能一小块一小块地吃，这很可能是因为卵块表面覆盖着具有刺激性的毛。雌性澳洲排队蛾（*Ochrogaster lunifer*）会用具有倒刺的毛簇覆盖卵块；而毒大蚕蛾属（*Hylesia*）的雌蛾把能引起人类过敏反应的刚毛（具刺激性的刷毛）覆盖在卵群上。有些卷叶蛾，例如冬荫卷叶蛾（*Tortricodes alternella*），会利用腹部末端的硬化结构去刮取泥土来覆盖掩饰卵块。其他种类如华丽星灯蛾则会产下色彩鲜艳且具有毒性的卵，捕食者发现卵块后，通常会在尝了一点儿之后便转身离开。

卵的大小与孵化时间

蛾类的卵大小各不相同，这可能是由于不同种的产卵行为与生存策略各异，此外也受成虫体型与物种生物学特性的影响。即使是体型非常相似的种类，例如玉米眼大蚕蛾和路易斯安那眼大蚕蛾（*Automeris louisiana*），它们非常相似，甚至在圈养环境下能产生杂交后代，但两者卵的大小却有着显著的差异。最大的蛾卵来自那些体型最大的蛾，例如乌桕大蚕蛾（*Attacus atlas*），经测量，它的卵直径有 2.7 毫米，重 6 毫克；而一枚刺桐纹潜蛾（*Leucoptera erythrinella*）的卵小得只能通过显微镜才能观察得到。

大多数的卵在产下后 2 ~ 14 天便会孵化，具体孵化时间因物种差异和温度条件各异。在某些案例中，例如广泛分布的裳蛾属成员，它们的卵有内在的延迟机制，即滞育，可以用来确保成功休眠越冬。处于滞育阶段的卵具有欺骗性，从外观来看它像是真的卵，但里面实则为已经完全发育的毛虫，这是蛾类最常用的越冬状态。

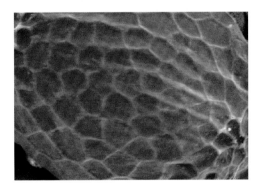

⌃ 刺桐纹潜蛾的卵很小，其大小相当于寄主植物的叶表细胞。刺桐纹潜蛾的卵在光学显微镜下观察呈透明状（上图）。通过扫描电子显微镜可以看到卵表面精致的细节（下图）

⌄ 这是青球箩纹蛾（*Brahmaea hearseyi*）的幼虫从卵中孵化出来的过程

千变万化的毛毛虫

蛾类幼虫的体型大小各异，有的小到只能借助显微镜才能看见，有的则长达 15 厘米，甚至更长。外观形态上有蛆状、细枝状、叶片状、触手状；有的全身毛茸茸的，长满了尖刺；有的则全身光滑。比起《爱丽丝梦游仙境》或艾瑞·卡尔（Eric Carle）的《好饿的毛毛虫》里描绘的长着粗短的腿、身体一节一节的刻板的毛毛虫形象，现实世界里蛾类幼虫更加千变万化。

对大多数毛毛虫来说，它们所拥有的共同点是食量和成长速度。大多数的毛毛虫生长发育都要至少经历五个阶段（或称为龄期）。在不同的龄期，它们的体型大小和外观都会有所变化。以伞树窗大蚕蛾的幼虫来说，刚孵化出生的幼虫仅有 3 毫克重，但在不到一个月的时间内，它便会快速长大，高峰时期体重可达原体重的 5000 倍之多。想象一下，这相当于人类婴儿在只吃素食的情况下，在一个月内从 4 千克长到 20 多吨。伞树窗大蚕蛾的幼虫，会从一只细枝状、身体长度大约只有 3 毫米的褐色幼虫，成长为身上长着黄色和蓝色瘤突的奇特的绿色蛇形生物。这些瘤突并非只是装饰，瘤突上的刺棘能保护幼虫免遭脊椎动物捕食者的攻击。

A

>> 玉米眼大蚕蛾的幼虫，雄性要经历六个龄期，雌性则要经历七个龄期，在为期两个月的发育过程中，幼虫的形态会发生很大的变化。一开始为浅褐色（图A）；不久后，巧克力色底色之下会出现白色条带，之后它们会维持这样的体色直到四龄虫（图B）；成长为五龄虫时，体色则会变成绿色或黄色（图C）；此后，它们会分散开来独自觅食直到最终成熟（图D）。成熟的幼虫身体上有色彩鲜明的条带，这提醒着捕食者们，它们身上有毒刺

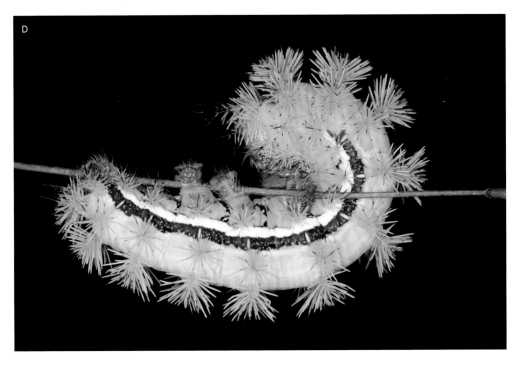

毛毛虫如何感知世界

大多数毛毛虫都有六对单晶体的"眼睛"（称为侧单眼），但是至于它们能否看清楚天敌或所处的环境，目前尚未有明确定论。例如，乡村烟草曼天蛾（*Manduca rustica*）的幼虫一旦感觉到附近有人靠近，便会暂停进食一动不动；当靠近的人停下来站一会儿，它便会重新开始进食。毛毛虫的每一个侧单眼都有一个由几丁质（即构成所有昆虫外骨骼的化学物质）构成的晶体，晶体下方有一晶锥。侧单眼同样具有光学受器，能够把外

具有保护作用的头壳

毛毛虫的头部被一层封闭的几丁质头壳所保护，这一结构类似相机的防水外壳。随着毛毛虫的成长与蜕皮，其头部也会经历多次改变，大小会呈指数型增长。

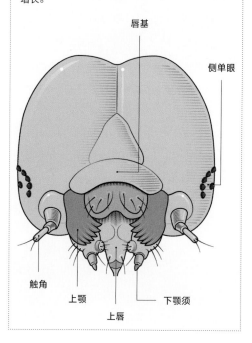

唇基

侧单眼

触角

上颚　　下颚须

上唇

精巧的味觉机制

有一个很简单的试验：将华丽星灯蛾的毛毛虫放置在大笼子的一个角落，将一种叫猪屎豆的植物放置在毛毛虫对面的角落，很快你就会发现毛毛虫能极高效地找到寄主植物。毛毛虫有两个专门负责嗅觉的触角，但它们往往使用口器（上颚与上唇）去品尝与选择最终的寄主植物。

对华丽星灯蛾而言，选择什么样的寄主植物对生存而言至关重要。当它取食植物体内刺激、有毒的化合物之后，便能将这些物质转变为自身对抗捕食者的有力防御武器。许多毛毛虫已经演化出一套精巧的生化机制，以利用有毒的植物化合物使自身获益。

∧ 上图为取食猪屎豆果荚的华丽星灯蛾幼虫，其寄主植物的有毒化学物质可以保护幼虫免受花外蜜腺吸引来的木匠蚁攻击。下图中，一只华丽星灯蛾的幼虫正在吃发育中的种子

>> 棉斑犀额蛾（*Citheronia regalis*）成熟幼虫身上的棘对鸟类天敌有强大的防御作用

部影像透过七条轴突（神经细胞的线路）传递给脑部的视叶，这个结构远不如蛾类成虫的复眼那样复杂，所以人们一般认为毛毛虫只有微弱的视觉。然而，对跳蛛的深入研究表明，相较于只有一个眼睛，简单的单眼群可通过彼此的协同产生较好的影像，这个方式就类似使用单晶体元素组合制作成手机相机的复合式镜头。

毛毛虫的 12 个单眼与 2 个触角能收集周围环境的信息并传达给大脑处理，进而感知其所在的环境并且导航判断方向。它们也有某种形式的记忆能力。根据巴甫洛夫的狗这一实验原理设计实验反应条件，结合气味

与电击刺激，研究人员证实了可以通过训练使烟草天蛾（*Manduca sexta*）的幼虫避开某种特定气味，而且这一记忆可以一直持续到其成虫阶段。因此人们推论，毛毛虫从它们的寄主植物上所获得任何正面、积极的记忆也许能够传递到成虫时期，进而影响到雌虫的产卵选择。与大多数昆虫相同的是，毛毛虫有先天的、与生俱来的能力，但这一本能很快就可以被经验所改变。例如，当一种广食性（可以在许多不同的寄主植物上生长发育）的毛毛虫开始取食并习惯一种特定的寄主植物之后，它就会变得不愿意再接受其他寄主植物。

腹节

毛毛虫腹节上的腹足可以协助运动。不同科、属的毛毛虫其腹足数目与移动方式也有所不同。夜蛾幼虫（夜蛾科）的第三至第六腹节与最后一节腹节上具有腹足，而大多数的尺蛾科幼虫只有两对腹足，分别位于第六腹节与第十腹节。

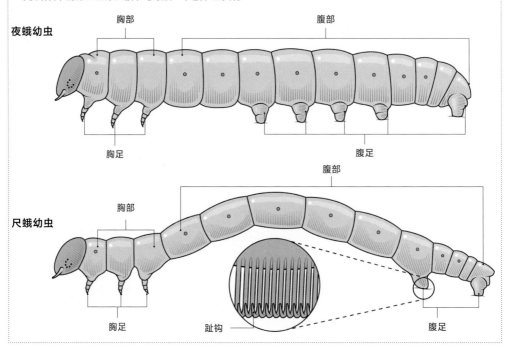

夜蛾幼虫　胸部　腹部　胸足　腹足

尺蛾幼虫　腹部　胸部　胸足　趾钩　腹足

毛毛虫的运动

尽管在移动时毛毛虫看起来有很多足，但和其他昆虫一样，它们只在前三个胸节上有 6 只真正的足。此外，它们还有一些肉质突起的腹足，腹足上有趾钩，那是一系列钩状构造，可以用来抓握寄主植物。大多数毛毛虫有五对腹足，其中四对位于身体中间，还有一对位于身体末端。不过，大多数的尺蠖（尺蛾的幼虫）只有两对腹足，分别位于最后一节腹节（第 10 腹节）与第 6 腹节上。腹足数量可以用来区分同样分布在美国南部、外观上看起来非常相似的丝角尺蛾（*Nematocampa resistaria*）与曲线枯裳蛾（*Phyprosopus callitrichoides*），后者具有三对腹足。尺蠖是以一曲一伸的"丈量方式"缓慢前进的，而不是爬行的步态。有些部分腹足退化了的毛毛虫（包括拟尺蠖）也是这样移动的，例如粉纹裳蛾（*Trichoplusia ni*）[1]。

1　粉纹裳蛾在旧分类系统中属于夜蛾科，根据最新分类系统，本种属于裳蛾科。裳蛾科有一部分成员幼虫腹足退化，移动方式类似尺蛾科的幼虫，英文俗名常用loopers（本书译作拟尺蠖）来称呼这一类的裳蛾科幼虫。

在舟蛾科蛾类中，例如广泛分布于欧洲的黑二尾舟蛾（*Cerura vinula*），幼虫臀部的腹足会退化消失并且特化成高高扬起的尾端，呈现出一种非常独特的姿态。其他具有腹足退化倾向的毛毛虫往往很少移动，反而会在植物组织里做隧道、挖空树干和树根，或是钻进叶片里（例如潜叶蛾）。刺蛾的幼虫又被称为"蛞蝓毛虫"，它们不具有趾钩，而是有足垫和吸盘，就算没有丝腺的潮湿分泌物，它们也能在不借助丝垫的状况下单靠吸盘将自己固定在光滑的叶片上表面。

大多数的毛毛虫都会吐丝，这些丝有着各式各样的使用方式：从寄主植物上落下并用丝把自己悬吊在半空中以躲避捕食者，之后再借助丝爬回寄主植物；搭建庇护所或公共巢；蜕皮时将自己固定在植物上；化蛹时吐丝作茧。丝腺是位于毛毛虫肠道两侧的长形器官，丝蛋白从一对丝腺中流出并且在吐

∧　一条晓尺蛾幼虫正在寻找化蛹的地方，它是晓尺蛾属（*Eois*）近250种蛾类之一

丝器内汇聚结合成丝。与蜘蛛位于腹部末端的纺器不同，毛毛虫的吐丝器位于头部下唇须之间，并向下延伸突出。

飘移的幼虫

∧　佛罗里达新萤斑蛾的幼虫悬在一条丝线上随风摆动，它正准备离开一棵叶子掉光了的树，寻找另一棵新的寄主植物

某些刚孵化的毛毛虫会爬行很长一段距离，舞毒蛾的幼虫还会借助风来扩散，靠着自身产生的丝线，形态蓬松的它们借由风力在空气中如同乘降落伞般滑翔，最终，由同一个卵群孵化出的所有兄弟姐妹们，可能在相距甚远的地方各自觅食发育至成熟毛毛虫，并在可获得的食物资源上扩充它们的族群。假如有一群佛罗里达新萤斑蛾（*Neoprocris floridana*）的幼虫吃光了一棵树上所有的叶片，它们便会悬挂在长丝线上，如同空中飞人般随风摆动，直到落在另一棵寄主植物树上。

⌄ 曲线枯裳蛾的毛毛虫不仅长得像一片悬挂的干枯叶片，而且会模仿叶片随风左右摇摆的动作

⬈ 回声灯蛾（Seirarctia echo）毛毛虫的警戒花纹使它看起来像珊瑚蛇

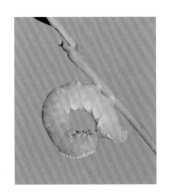

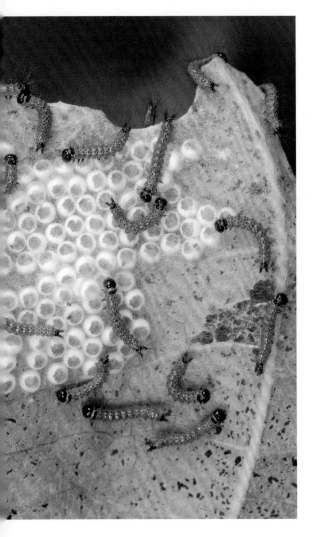

处理食物

当一只毛毛虫从孵化它的卵中破壳而出，它常常会先吃掉卵壳，然后再开始啃食寄主植物——通常先刮食叶片表面，然后再逐渐吃掉整片叶子。毛毛虫的瓣状上唇是具有凹刻的盾片，用来将叶片引导到下方的上颚，下唇须与下颚须不只用来品尝食物的味道，也协助将食物导入口中。昆虫的消化系统包括咽、食道、嗉囊、中肠以及肠，最后端的开口是肛门，是毛毛虫的粪便排出的地方。毛毛虫常常会把粪粒弹射到远处，以此来躲避捕食性蜂类，因为这些蜂类很容易利用粪粒的气味锁定幼虫的位置。然而，有些蛾类例如巴婆果脐纹螟（*Omphalocera munroei*），其幼虫则是住在寄主植物巴婆果

> ⋏ 乡村烟草曼天蛾的幼虫正在排便，在这个案例中，幼虫用上颚协助处理排便

> ⋘ 这是圆掌舟蛾刚出生的幼虫，和大多数蛾类幼虫一样，它们在孵化后会吃掉一部分卵壳

> ⋙ 一只巨大的乌桕大蚕蛾幼虫正在蜕变，它生长发育过程中会蜕下体壁

（*Asimina* spp.）上，并且用自己的粪粒制作庇护虫巢。

成长改变

随着毛毛虫体型变大，表皮逐渐变得紧绷，它必须有所改变，然后进入下一个龄期。正常情况下，毛毛虫要先用丝将自己固定在植物体表面，然后进入一个可能持续几天静止不动的蜕皮状态。除了蜕下表皮，毛毛虫的上颚和气管也会随之升级更新。相较于其他部位，毛毛虫上颚的切口比较坚硬，它是由坚韧致密的几丁质构成，而几丁质是形成外皮（表皮）和其他外部器官的纤维物质。在觅食的过程中，上颚也可能会产生磨损，这也许可以解释为何有些物种要经历超过 6 个龄期才能长到预定的大小。不同的蛾类毛毛虫饮食类型差异很大，从质地松软的食物到坚韧的活硬木，再到富含硅的棕榈和禾草，这些都会增加上颚的磨损与撕裂。虽然幼虫龄期数是有种类特定性的，但如果饮食不符合标准，毛毛虫就可能会经历额外的龄期蜕换。然而，更常见的状况是不良的饮食导致毛毛虫死亡，或者使毛毛虫最终成为生存机会较差、体型较小的成体，而饮食良好的毛毛虫在成虫阶段往往活得更久，其雌虫也会拥有比较好的生育能力。

有些时候即使是同一个物种，其龄期的数目也会因性别和体型而有所不同。举例来说，雄性玉米眼大蚕蛾共有 6 次蜕皮，而雌虫则有 7 次，这使得雌虫能够长得更大，最后雌性成虫的重量可以达到雄性成虫的两倍。虽然要花更长时间在生长发育上，但雌虫打从蛹里一羽化便已经在腹中形成超过 300 颗的卵粒。雌虫体型较大对雄虫而言也有一些益处，雌虫刚从蛹内羽化出来，雄虫必须最先找到雌虫以确保能寻得配偶。

大多数的鳞翅目昆虫都像玉米眼大蚕蛾一样，同一窝产下的卵，雄性个体发育成毛毛虫以及成长羽化时间都会比雌性个体短一些。然而，也有一些例外，例如华丽星灯蛾的雌毛毛虫发育速度总是比同窝的雄性更快一些，这个种类的雄毛毛虫会收集储存防御性化合物，用于自我防御与信息素生成，并且会在交配时将这些物质转移到雌虫体内，增加雌虫自身与子代的防御能力。而且与玉米眼大蚕蛾不同的是，华丽星灯蛾的成虫也会觅食花蜜。

所有毛毛虫的生长发育速度都受饮食质量和温度两个要素影响，当温度从 23℃降到 15℃时，发育时间则会变为原来的两倍。

蛹

终龄幼虫发育到最后，便开始准备进入与此前截然不同的蛹期，每个物种都有各自的策略，但所有物种的目标都非常一致，就是历经必要的内在改变后化为飞蛾。

化蛹策略

当毛毛虫完全发育成熟，它们会从肠道排出多余的体液并改变体色。一些物种像是某些天蛾科和大蚕蛾科的成员，会离开它们的寄主植物，而后在土中挖洞并在地下构筑一个蛹室；其他一些物种则隐藏在岩石底下。卷叶蛾在幼虫发育时期的卷筒状叶中化蛹；潜叶性的蛾和蛀茎干的蛾在刚出生、身体极微小的时候便进入了植物，直到化蛹才第一次离开保护它的植物组织来到外面吐丝作茧。最终，当成虫从蛹壳中或是化蛹过程所使用的庇护所中羽化出来时，它需要空间爬出来，并且将自己悬挂在叶片、树枝或岩石上，让翅膀得以伸展开来。

编织丝线

每种蛾类毛毛虫都会化蛹，很多种类的毛毛虫（但并非全部）都会作茧，茧是一种丝囊，其功能是在这个脆弱易受害的时期保护蛹体，亲缘关系很近的毛毛虫其蛹在外观上可能非常相似，而茧通常有高度的多样性。有些蛾类将它们的茧悬挂在树枝上，有些则把叶片扯在一起将茧藏起来。蛹会用臀棘将自身附着在茧的内表面上，臀棘是蛹尾端的钩状构造，当成虫破蛹羽化时，臀棘有助于蛾类从几丁质壳内脱出，避免了身后一直拖拽着蛹壳的麻烦。至于蝶类的蛹，其臀棘通常用来钩住并悬挂在幼虫化蛹前所制作的丝垫上。有些蛾类的毛毛虫也会铺设丝垫，而不会织一个全防护性的茧。

养蚕业

数千年以来，人类一直培育蚕蛾科的家蚕（*Bombyx mori*）以及大蚕蛾科的柞蚕（*Antheraea pernyi*），并从它们化蛹前纺成的保护茧中提取丝线，制成奢华的绸缎。自古以来，来自各种物种的野生丝绸一直在许多国家生产制造，而其中最早的驯化饲养记录来自中国。

家蚕在野外实际上并不存在，但它与野外自然发生、取食桑树的野生丝蚕野蚕（*Bombyx mandarina*）的亲缘关系非常接近，两者在实验室内很容易交配并产生有生育能力的子代。柞蚕用来生产柞蚕丝，在野外有天然族群生存，它很可能是由分布在喜马拉雅地区与东南亚的罗氏目大蚕蛾（*Antheraea roylei*）与野生柞蚕经过人工选育而来的，这两者即使染色体数目不同仍然可以交配并产下健康的子代。

在养蚕业中，除了作为种源的个体以外，蛾是不被允许从茧中羽化出来的，因为这会破坏茧。经过沸水煮过后，茧的纤维蛋白会软化，进而能更容易地从蚕茧中抽出蚕丝。每一个蚕茧都是由一根丝绕组成，长度超过 900 米，但蚕丝太轻了，3000 个茧才能生产出约 0.45 千克的生丝。

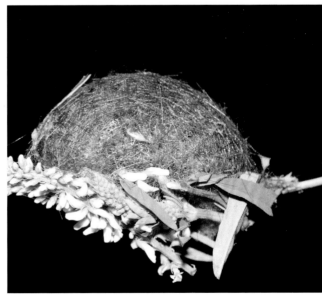

◀◀ 大豹灯蛾（*Hypercompe scribonia*）在茧内处于预蛹期，此时它仍是毛毛虫，它会往茧内灌注有恶臭的口腔分泌物来增强防御作用

▶▶ 盐泽顶灯蛾（*Estigmene acrea*）毛毛虫（右上），它用身上的毛与自己吐的丝一起编织成茧（右下）

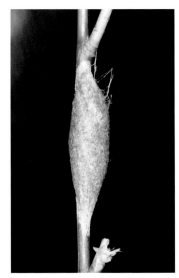

茧的保护

　　蛹是蛾类生命各阶段中最脆弱的时期，此时它的防御能力较低，除非它能保留幼虫时期的化学物质使自身具有毒性。茧提供了非常重要的保护作用，但不同物种的茧保护程度各不相同。柞蚕属的蛾类，例如半目大蚕（*Antheraea yamamai*）或是北美的独眼巨人柞蚕（英文名 Polyphemus Moth，拉丁名 *Antheraea polyphemus*）[1]，会编织一个非常坚固的丝茧，即使承受相当大的机械性伤害它们仍然能够在丝茧的保护下存活下来，并且能够有效防御松鼠和鸟类；只有用非常锋利的刀片才能切开茧体这层薄却坚硬的屏障。这些银色的茧用丝线紧紧地附着在橡树光秃的树枝上，即使树叶都掉光了，茧也能稳稳地留在原地。

　　伞树窗大蚕蛾更进一步地纺织出了两层茧：一个较疏松的外层茧，以及另一个编织紧密的内层茧。有些草螟的茧也有这种构造，例如枚蛀枝野螟（*Terastia meticulosalis*）

　↖ 伞树窗大蚕蛾的预蛹期在双层茧的庇护下会持续超过十天（此图示为切开），附着在物体表面的较疏松的外层连同较紧密的内层共同抵抗捕食者与拟寄生物，以保护预蛹

　↖ 灰燕尾舟蛾（*Furcula cinerea*）的茧伪装成其寄主植物膨大的树干或枝条

1　一些资料将Polyphemus Moth 的中文名译为多音天蚕或多音大蚕蛾，然而本种目前已知的行为习性中，未见有与声音相关的习性。Polyphemus是希腊神话中的独眼巨人，本种的名称便是源于它后翅上大型的假眼，且本种受惊扰时会有展示假眼的御敌行为；而Polyphemus本身的意思为abounding in songs and legends，即非常有名且"常见于许多歌剧与传奇故事中"，因此，"多音"似乎是略显牵强附会的误译。故此处译为独眼巨人柞蚕。

>> 卷蛾科蛾类通常用丝将叶子卷在
一起，其幼虫藏在里面发育并化蛹

和刺桐丽野螟。许多枯叶蛾、裳蛾以及绒蛾科蛾类常常会用毛毛虫的毛来增强丝茧的防御力，对于企图破坏茧并吃掉富含蛋白质的蛹的捕食者来说，这些毛可能会引起强烈的刺痛感。额外的分泌物例如毛毛虫的胃内反刍物、唾液、粪粒，以及树枝、岩石、叶碎屑等外来的材料，常常被用来加强、保护及隐藏茧。菜蛾科的物种如小菜蛾（*Plutella xylostella*），制作的茧具有较大孔隙的丝网，一些热带蛾类也常会编织类似的茧，这样的策略可能是为了在非常潮湿的环境下保持蛹的干燥所演化出来的。相比之下，在干燥的环境下，质地紧密的茧则可以避免蛹脱水。

躲避或警告捕食者

除了吐丝造茧，许多蛾类会在蛹期这个脆弱阶段，通过增强、增厚几丁质来保护自己，这种结构类似许多甲虫的外骨骼。包括帝王蛾属和许多天蛾在内的一些物种，例如烟草天蛾属的蛾类，会将蛹埋在地下蛹室，并且用唾液来强化蛹室。其他例如灰翅夜蛾属（*Spodoptera*）的蛾类幼虫，即危害蔬菜作物的臭名昭著的行军虫，它们会在寄主植物下方的落叶中化蛹，有时也出现在岩石底下或藏在土里。

有毒且色彩鲜艳的毛毛虫有时候也会化成同样具有警戒色彩的蛹，它们鲜明的颜色正是在警告天敌："别吃我，我有毒。"具有黏性的丝所构成的透明茧以及螯合（收集与浓缩）了来自寄主植物的有毒化学物质共同保护着这些蛹。除了这些防御方法，圆点鹿蛾（*Syntomeida epilais*）的毛毛虫还会把有刺激性的毛添加到茧上，并且群体化蛹。在这种情况下，毛毛虫从寄主植物上螯合的毒素，不仅会传递到蛹期作为化学防御，也会传到成虫期，甚至在之后产下的卵中也存在。

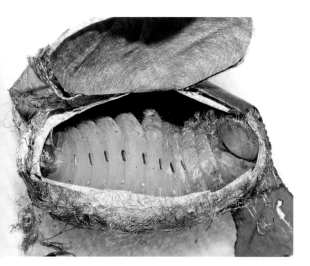

发育中的蛹

当茧造好了但还没化蛹时，在茧里的毛毛虫会改变颜色并且会因排出肠道里的食物而变得比较小，其他方面则比较正常，仍会对光线和其他刺激有所反应。这时候茧里的毛毛虫还保留着爬行和吐丝的能力，如果此时茧被切开了一个口，毛毛虫可能会从内部修复茧；但如果茧被移除，它将会尝试另外制作一个，虽然这个茧可能远不如前一个耐用且完整，因为它的丝已近耗尽，而化蛹的

时间已经迫在眉睫了。

紧接着，毛毛虫转变进入预蛹阶段，在这个阶段翅型已经开始发育，变态已经开始，

↗ 独眼巨人柞蚕的预蛹（左上）与蛹（右上）被坚硬的丝茧包裹着，得到庇护的它们能躲避严峻的寒冬与捕食者

↘ 成熟的天蛾毛毛虫不作茧，例如番茄天蛾（*Manduca quinquemaculata*），它们在地面挖洞或躲藏到岩石底下化蛹

此时终龄的毛毛虫开始长出成虫时期的器官，例如翅膀和雄性的生殖腺（精巢）。在预蛹阶段，毛毛虫会变得不活跃并且进入一个消极被动的变态阶段；此时它对外界刺激的显见反应减少了，体型持续萎缩且体色也会改变。

和各类昆虫发育一样，这个阶段持续的时间取决于物种和温度，例如玉米眼大蚕蛾的预蛹阶段在室温下为 4 ~ 6 天，而伞树窗大蚕蛾则为 10 ~ 13 天，然而一旦温度从 20℃升到 30℃，预蛹阶段的持续时间则会减少一半。在某些蛾类中，预蛹阶段是延迟发育的滞育阶段，此时正常的发育被搁置，以便在恶劣条件下存活。例如在秋季，佛罗里达北部的刺桐丽野螟或南方绒蛾会进入越冬世代，茧内的它们会在预蛹阶段停留好几个月，直到羽化前的两三周才会化蛹。

一旦预蛹期的毛毛虫器官转变为未来蛾类成虫器官的前驱，它将成为前蛹，但此时仍保留了类似毛毛虫的外观。人们可以通过毛毛虫较浅较薄的表皮来辨识确认前蛹的状态，这些表皮此时已经与下面蛹的表皮分离开来，并且即将脱落。这个过程就像蛇在旧表皮底下生成新表皮之后，再从旧皮中爬出来一样，在三到十分钟内，毛毛虫的表皮裂开，然后外观畸形、苍白又柔软的新蛹便从里面摇摆扭动着爬出来，几乎就在这瞬间，新蛹经过一个称为"鞣化"的骨化过程，并形成最后的形状与颜色，在这过程中几丁质纤维与其他生物聚合物（表皮中的大分子）交叉链接形成聚合体，最终蛹壳变硬且颜色变深。

一旦蛾类成虫完全发育形成，它就会从蛹壳中破壳而出（如果在茧里，也会破茧而出），伸展翅膀，排泄蛹便（含有蛹期新陈代谢副产物的淡红色液体），最后飞走。在极为稀少的案例中，有些蛾类永远都不离开茧。举例来说，顿袋蛾（*Thyridopteryx ephemeraeformis*）无翅的雌蛾羽化后会一直待在茧里，有翅的雄蛾则会通过一个特殊的开口与雌蛾交配，而后雌蛾产下卵并且在茧中死去。由于其幼虫是高度多食性的（取食许多种植物），因此找到食物对它们来说通常没什么困难。

变态

蛾类从蠕虫般的幼虫变成带有精美翅翼的成虫，这样的转变已经让人们着迷了上千年。这不可思议的改变，在许多文化中被认为是重生的象征。在古希腊，*psyche* 一词同时代表 "蝴蝶" 和 "灵魂"。事实上，大多数昆虫的目，包含鳞翅目在内，是属于完全变态的，即它们会经历一个完整的变态过程，从卵中孵化出来的幼虫，与经过蛹期变成的成虫看起来相当不一样。还有一小部分的昆虫，包括蜻蜓、臭虫、蝗虫，被称为半变态发育，它们无翅的年轻幼体（若虫）和成虫的外形很像，且它们会跳过蛹期。

一个重新建构的过程

完全变态通常被认为是在同一个生活史周期里内在形态与功能的重大改变。卵、幼虫、蛹、成虫是具有同一套基因的相同生物，只是在不同的形态下运作方式不同，追求着不同的目标。前两个时期的重点是成长，而蛹则必须在不利的条件下存活下来，并且将毛毛虫的器官转换为成虫的器官，而成虫的主要任务是交配、繁殖及散播卵。

当毛毛虫化蛹时，大多数能使其个体功能发挥作用的器官会首先退化，然后再被重建更新来产生出蛾类成虫。在蛾的一生中，毛毛虫也会发育出一些器官，这些器官只有在成虫阶段才会具有功能性，例如翅和性腺。如果雄性毛毛虫的表皮是透明的，那么性腺是可以看见的，它位于背面，朝向后端，是

转变

盐泽顶灯蛾产下 400 ~ 1000 颗卵，经过 5 ~ 7 个龄期（毛毛虫），幼虫用自己的毛与丝纺织造茧，再从茧中羽化出成虫。以上全部过程会在 40 天内完成。

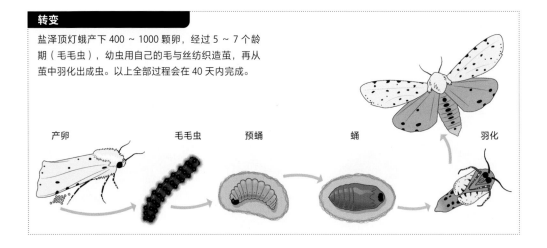

产卵　　　　　毛毛虫　　　　预蛹　　　　　蛹　　　　　　羽化

激素的角色

　　蛾类变态发育的调节方法和人类的生长发育类似，都是借由激素来调控的。大脑会向胸部的前胸腺发出一个讯号释放蜕皮素（此激素负责引起昆虫蜕皮），并且命令咽侧体（另一组腺体）产生保幼激素。这两个激素在毛毛虫时期一起调控新表皮的产生，并且决定其蜕变成更大的毛毛虫还是变成蛹。在人们了解所有昆虫都会经历的变态发育现象方面，蛾类扮演着非常关键重要的角色。20 世纪中期，首次从半吨家蚕的蛹里分离出来 25 毫克的蜕皮素。研究人员通过手术在伞树窗大蚕蛾的蛹内移除或植入器官，用来判断上述不同器官在激素制造或变态发育中的功能。

一对（有时候是色彩鲜艳的）胶状的器官。精子发生即精细胞的发育过程，这一现象从毛毛虫时期就开始了。

　　雌虫的卵巢和两性生殖器是在蛹期发育的，其他许多对成虫而言十分重要的器官也是此时发育的，例如喙（吸管状口器）和复眼。

　　成蛾的翅膀是在成熟的毛毛虫时期于幼虫体内开始成形的，位于第二与第三胸节之间且隐藏在表皮底下，但还未能像成蛾翅膀那样美丽。毛毛虫的翅膀非常小而且没有鲜艳的鳞片，即使是巨大的月尾大蚕蛾（*Actias luna*），毛毛虫时期的翅膀也不过 12.5 毫米长，但其发育中的翅脉清晰可见，这时的翅膀就类似其他昆虫的翅膀，是由细脉支撑着的透明的膜，但这个结构上有着会发育成鳞片的单细胞前驱物，这些细胞未来都会生成单一

的鳞片，这些鳞片在蛹发育的中期逐渐成形，更晚之后才变得具有色彩。在这整个阶段过程中，翅膀依然很小，只有当成虫从蛹里羽化出来时，血淋巴（相当于昆虫的血液）才会被灌输到翅脉，翅膀这才得以伸展开来。

>> 一只刚从蛹中羽化并破茧而出的五点斑蛾（*Zygaena trifolii*）雄虫倒挂着伸展翅膀，它正准备飞离这儿去寻找雌虫

蛾类成虫

一个新鲜卵粒里的单细胞蛾胚胎一般在 2 个月内就会完全羽化为成虫，它会在蛹壳里等时机适宜时破蛹而出。刚开始羽化时，它的翅膀小而柔软，因此它需要一个安全的场所来伸展翅膀，直到翅膀变硬才能够飞翔。

一个短暂的生命周期

有些蛾类只在临近傍晚的时候羽化，这样它们能确保在天黑之前准备好起飞；其他一些蛾类则选择在一天当中的不同时间羽化。目前人们尚不清楚是什么因素在蛹发育完全时触发了羽化机制，这似乎取决于个体的物种及其最适合的羽化条件，例如春季、降雨、较温暖或较凉爽的天气。一旦羽化完成，来到了外面的世界，无论是巨大的有着约 270 毫米翼展的乌桕大蚕蛾，还是一只微小的潜叶蛾，所有的成虫都得去寻找配偶繁殖。这一任务必须尽快完成，因为大多数蛾类成虫的生命不会超过两周，很多成虫甚至只能存活几天。

翅膀的惊奇事迹

蛾类在第一次飞行之前必须倒悬，借重力展开软而柔韧的翅膀，使血淋巴从胸部灌注到翅脉，然后通过扩散作用流入翅膜。如果茧附着在枝条上，那么蛾会直接将自己悬挂在茧上；否则它需要从地面往上爬并且悬挂在枝条上，来让翅膀膨大。此时蛾类的翅纹已完全形成，但由于一开始鳞片是紧密挤在一起的，因此几乎所有的翅纹元素按比例来看似乎都比较小。

具有这种鳞片的昆虫被归类为鳞翅目（Lepidoptera 一词衍生自希腊文 scaly winged，意为有鳞片的翅膀）昆虫，这种鳞片是工程学和纳米科技的奇迹。数以千计微小且层层叠叠的鳞片披覆在每一只翅膀上，而且每个单独的鳞片都是一个质量轻、几乎空心、具有脊的几丁质板。通常，每只翅膀上都有数种不同类型的鳞片，形状从桨状到毛状不等。

<< 引人注目的猩红鹿蛾（*Cosmos-oma myrodora*）是一种日行性的拟蜂生物，常见于美国东南部和中部

ʌ 一只东南亚产的雄性乌桕大蚕蛾正要起飞

>> 翼蛾科（Alucitidae）的六指多翼蛾（*Alucita hexadactyla*）有着精细复杂的翅膀，但其翼展仅15毫米

鲜明的色彩

我们在蛾和蝶翅膀上所见到的绚丽色彩，是因为化学色素吸收了特定波长的光并且反射了其他波长的光。而当光波从昆虫具有隆脊的鳞片表面反弹，并且与反射光互相作用时，就会产生彩虹般的光泽。在演化的过程中，如果翅膀缺少鳞片就会变得透明，比如透翅蛾（透翅蛾科），它们中的有些可能看起来像胡蜂或蜜蜂。

空中航行

蛾的翅膀被比喻成船帆，一层膜质的"帆布"被"桅杆与帆桁"般的翅脉支撑着，并且被充当"船员"的胸部飞行肌肉控制着，通过振翅产生气流，而神经系统如同船长，指挥着全部动作。在基于 DNA 分析的分类方法出现之前，将蛾类进行归类的可靠方法

之一便是研究观察其翅脉。虽然鳞片的覆盖和翅型这些特征会因物种而异，但构成翅膀的基础"骨架"非常可靠，在演化的进程中变化非常缓慢。

蛾类翅膀基部和胸部的连结是相当复杂的。像我们的手腕有许多骨头一样，许多不同形状、不同大小的骨片（几丁质板）附着着肌肉，发挥着和人类手腕关节类似的作用，因而翅膀才能上下前后摆动，在飞行的时候倾斜，以及在停栖时交叠合拢。蛾的翅膀比人类制造的任何机械都更加错综复杂，它们是多功能、多用途的活体器官，不仅成虫需

↖ 马达加斯加金燕蛾（*Chrysiridia rhipheus*）有着虹彩的翅膀鳞片，这是在高倍率放大之下的影像

↑ 丁目大蚕蛾（*Aglia tau*）是欧洲的大蚕蛾中为数不多的物种之一，雄蛾会在白天飞翔寻找雌蛾

分节的解剖学

这是蛾类解剖学通用图。从蠕虫到人类，大多数动物都有身体分节，蛾类也不例外，有时候在活体动物上很难看见分离的体节。

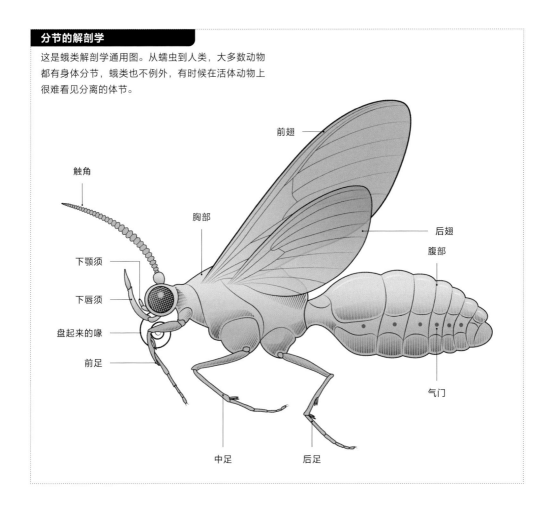

触角

下颚须

下唇须

盘起来的喙

前足

胸部

前翅

后翅

腹部

气门

中足

后足

要靠它来四处飞行，而且还有许多其他功能，从温度调节、天敌防御到求偶，都离不开翅膀。

鳞片下的昆虫

翅膀和鳞片是蛾类的决定性特征，除此之外，鳞翅目昆虫与其他昆虫很像。当观察一些蛾类科群中无翅的雌虫时，这一点就很明显了，在一般人眼里，这些小虫子看起来完全不像蛾类。蛾类独有的特征是它们的口器，在大多数鳞翅目昆虫中，口器演化成喙，由长而成对的器官组成，并且在成虫从蛹中羽化不久之后，形成一个盘绕的吸管。

蛾类所有的器官都包覆在外骨骼里，如同其他节肢动物一样。与人类的肌肉与器官相对暴露在外不同，蛾和其他昆虫将所有重要的部件隐藏在覆盖着鳞片和毛的几丁质盔甲下，所有肌肉也都附在内部。

胸部与足

胸部由前胸、中胸和后胸组成。蛾类成虫的身体像幼虫一样也是分节的，但在足与翅膀着生的胸节分节的情况不太明显。看似娇弱的足其实能够满足蛾类的需求，有些种类的蛾从平坦的表面起飞时甚至可以轻微跳起。锐利的爪让蛾类可以在休息时有效地抓住物体表面。布满整个足的许多个感器（具有神经细胞的感觉器官）足以说明其在感知运动和获取其他讯号上发挥着重要的作用。

除了爬行和悬挂之外，足有时候还有其他功能。有些蛾类的外观引人注目，它们是胡蜂和蜜蜂的拟态者，毛茸茸的足使它们更像蜂类。在许多天蛾中，锐利的胫节距是防御脊椎动物捕食者的有效手段，还有许多蛾类通过摩擦后足或后翅上的特殊构造来发出声音。

多用途的足

蛾类具有关节的足上配备着锐利的跗爪，因而能抓住树枝或叶片。足通常还配有可以控制运动的力学感受器，以及负责"品尝味道"的感器，这不仅仅对觅食至关重要，还对在产卵之前寻找正确的寄主植物至关重要。

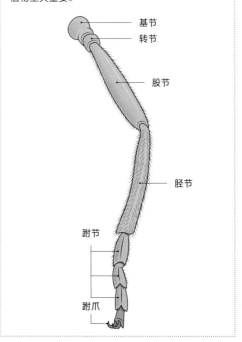

基节
转节
股节
胫节
跗节
跗爪

腹部与生殖器

相较于身体前两节：头部和胸部，蛾类的腹部有比较明显的分节。胸腹部连接点附近有听觉器官和发出声音的器官；而在腹部末端，几节几丁质外骨骼在演化的过程中特化，形成了复杂且有关节连接的生殖器构造，每个物种各有特征。

如同毛毛虫，成虫每个腹部分节都有气门——位于侧面的成对开孔，空气由此进入分支的管状系统（气管与微气管）并为内部器官提供氧气。大部分在毛毛虫时期出现的器官，经过特化后在成虫时期仍然存在，但成虫没有吐丝器。雄蛾的性腺在毛毛虫时期便已发育，雌蛾则在成虫阶段重新发育包含卵和其他生殖器官的卵巢。

<<　从美国佛罗里达州到南美洲都有分布的灯蛾科拟蜂毛足灯蛾（*Horama panthalon*）借助披覆在后足上的色彩丰富的长毛拟态成一种马蜂（*Polistes* spp.）

⋏　深色白眉天蛾（*Hyles gallii*）毛茸茸的腹部披覆着特化的鳞片，腹部内有生殖器（交配时会突出）、内在器官（如卵巢或精巢）、马氏管和储存能量的脂肪体。雌蛾腹内可能携带完全成形的卵，这些卵将在产卵的过程中受精

口器与眼睛

和大多数动物一样，蛾类的头部也包含了可以使其感知外部世界的器官。如果是会进食的蛾类物种，其头部也会具有取食的功能。触角可以嗅得气味，判定方位；多方位的眼睛能在白天或夜里提供视觉；还有口器。最早演化出来的口器是用来咀嚼花粉的，一些原始的蛾类保留了这样进化阶段的特征：成对的口器相互分离且比较短小，没有形成喙，并具有长长的下颚须和上颚。然而，大多数的鳞翅目昆虫都有与喙相连结的吸吮泵，也配备着用来刺穿果实的味觉感器和钩刺，并且根据饮食习惯产生许多其他的适应现象。喙在一些不取食的蛾类中可能会退化消失，而在一些特定的天蛾中则可延伸达身体长度的三倍。下唇须是蛾类用来感知食物以及擦拭眼睛的器官，也很重要。

蛾类成虫的头部顶端有三个单眼，单眼是一种简单的眼睛，大概类似幼虫的单眼，不能聚焦，无法产生影像，但可以帮助定位。复眼占据了头部的大部分，由许多被称为小眼的光学单元小眼面组成，有些种类可能有多达数千个小眼面。每个小眼都有一个晶锥，外面覆盖着角膜晶体，每个小眼的双重透镜就像一台简易的望远镜，将蛾类从远处察觉到的物体放大，每个小眼都能生成独立影像，然后再由大脑将这些影像结合起来。

鳞翅目昆虫的大脑十分复杂，虽然体积不大但却有着 12 种不同类型的神经元和许多隔室，除了处理来自感觉器官的讯息之外，大脑也会向肾上腺发送讯号，并且利用激素管理许多生理过程，例如交配和产卵。在一些长寿的鳞翅目昆虫当中，大脑的特定部位可以随经验而生长，因此这些昆虫就像人类一样，会通过学习而不只是靠本能去指挥行动。此外，每一个身体分节上都有神经中枢或神经节，可以处理讯息并且产生更快速的局部反应。

眼睛与口器

蛾类的复眼在大多数的昆虫当中算是典型代表，有着 360 度的视野。此外鳞翅目昆虫的口器很独特，喙进化为吸管状用来吸食。

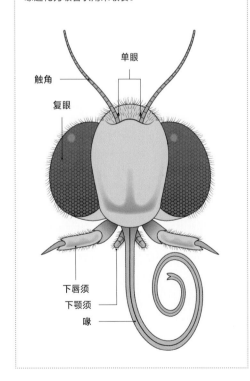

触角

复眼

单眼

下唇须
下颚须
喙

◂◂ 这是亚曲实夜蛾（Chloridea subfl-exa）的头部特写

⌄ 细小的白色花粉粒黏着在巨人哀天蛾（Cocytius antaeus）卷曲的喙与下唇须上

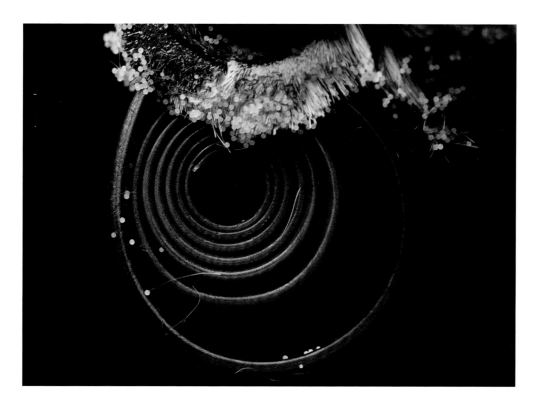

INTERACTIONS
交互作用

求偶与交配

　　雄蛾的本能就是求偶和交配。雄蛾会在它们的领域内巡视并寻找雌蛾。一些日行性（白天飞行活动）的蛾类几乎主要依靠视觉线索，而大多数的蛾类是夜行性的，其雄体个体对信息素高度警觉，即一种由雌蛾散发出来并通过空气传播的化学讯号。在近距离的范围内，许多雄蛾也会产生信息素并且用超声波"鸣唱"来向雌蛾求爱。在某些物种中，雄性还会群集竞偶，它们聚集成群进行空中展示。每个物种都有自己的求偶策略，以及行为上、形态上、生物化学方面的适应现象。交配是一个复杂的过程，并不只是将精子从雄性转移到雌性，这同时也是其他化学物质混合的过程，而后雌性可以在整个生命周期中逐渐利用精子和这些营养物质。

难以抗拒的芳香

　　鳞翅目昆虫的求偶始于信息素，信息素在专门的腺体中生产并且由各式各样的刷毛状器官释放。一般来说，异性会利用触角侦测到它，并且引发行为反应。不同的信息素有化学成分上的差异，但都是易挥发的，组成信息素的分子小到能靠空气传播，并且能形成一道能让蛾类跟踪的轨迹，一旦定位到配偶，蛾类还会散发"接触性信息素"来促进求偶过程中的交配行为发生。信息素混合物必须具备物种专一性，至少在蛾类出现的局部范围内是特定的，这样的物种专一性可以避免不必要的关注，这也表明了地球上至

<< 一只色彩鲜艳的雄性黑条灰灯蛾（Creatonotos gangis）正展示着它那巨大的、可膨胀的且竖立着刚毛的发香器。这些器官从腹部展开，散发信息素吸引雌蛾。

少有超过 100 000 种不同的信息素混合物，且还有许多物种尚未被鉴别出来。对一些蛾类类群的研究指出，信息素混合物和寄主植物的选择是共同进化的，但两者的关系远不是单纯的线性相关。在关系相近的物种当中，信息素混合物可能只在单一化合物上有所不同，或者更常见的是，因相同的化合物的比例不同而不同。

在许多物种中，例如苹果小卷蛾（*Cydia pomonella*），当雌蛾接近寄主植物时，信息素分泌行为会增强。许多蛾类可能都是如此，因为在产卵地点附近交配并且立刻产卵是对繁衍有利的。有些蛾类为了释放吸引异性的气味，会伸出名为毛笔器（hair-pencils）的器官，这一器官雄性和雌性都有，例如，为了召唤雄性绢野螟属草螟蛾的雌虫会从腹部末端伸出并展开毛笔器；而来自东南亚的具有食泪行为的银斑舟蛾（舟蛾科），其具有发香特性的红色毛笔器位于腹部与胸部交界处附近。许多灯蛾有额外可以充气膨胀的囊，称为发香器（coremata），其上覆盖着发香毛；最壮观的发香器变化发生在旧大陆热带分布的灰灯蛾属蛾类种群里，它们的发香器可以长得和自身身体一样长，当这些蛾类"呼唤"配偶时，发香器可以由体内向外翻转。雄性黑龙江蝠蛾（*Hepialus humuli*）用足上的特化刷毛释放信息素，有些蛾类和许多雄性蝶类一样，例如日行性的棕榈蝶蛾（*Paysandisia archon*）（蝶蛾科，Castniidae），其翅膀上具有散发气味的斑块（发香鳞片）。

◄◄ 沃克蛾（*Sosxetra grata*）分布于整个新热带地区，是雕夜蛾亚科（Dyopsinae）中一种不太寻常的夜蛾，它那锯齿状的触角用于捕获气味，后翅边缘的长毛可能参与防御与交配

▲ 大约一半的天蛾物种都具有信息素释放刷毛，例如埃倪俄天蛾雄虫腹部某一节的这个刷毛。一般来说，刷毛位于一对延伸于腹部第二与第三节之间的袋状构造之中，气味是由刷毛基部的细胞所产生的，当刷毛暴露出来时气味随之扩散。其他蛾类也有类似的刷毛，例如舟蛾科蛾类

专业探测器

　　许多蛾类的雄性，特别是大蚕蛾和一些蚕蛾总科的其他成员，它们的触角上有比雌性更多的羽毛状锯齿，用于侦测异性的信息素。这也使得它们的触角有较大的表面积来承载更多的感器（感觉器官），以提升侦测信息素的能力。雄蛾追踪信息素轨迹，有时候从几千米以外就能够对单一个信息素分子做出反应，一旦定位到一只雌蛾，双方便同时启动一连串的反应。一开始这些只局限在搜寻行为，但是当雄蛾找到并且物理性碰触到雌蛾时，就会产生激素反应并触发交配行为。有时候在持久的求偶展示期间，雄蛾会在较短距离内释放接触性信息素，差不多就像是向雌蛾喷洒信息素以努力争取被接受。

侦测气味的器官

这是单个感器的图解。感器是蛾类触角上侦测气味的器官。

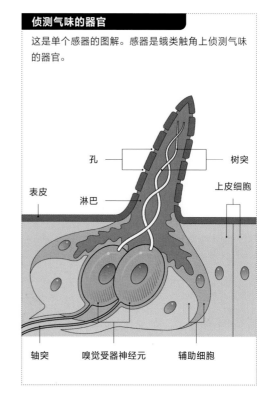

孔　　　树突

表皮　　淋巴　　上皮细胞

轴突　　嗅觉受器神经元　　辅助细胞

⚘ 绿长角蛾（*Adela reaumurella*）的雄蛾正在振动长长的触角向雌蛾求偶

⚘ 伞树窗大蚕蛾雄蛾的羽状触角比雌蛾的宽，因而有比较大的表面积可以承载更多的感器，即侦测气味的器官

研究人员如何研究信息素

研究人员采取以下步骤来辨识蛾类的信息素：

步骤 1：为了收集蛾类的信息素，向一个里面放有未交配过的雌虫的玻璃容器内打气，如果信息素存在，那么这些气体将穿过过滤器——填充有具吸收性的化学活性物质的细管，进而被吸收。或者可以从蛾类制造信息素的腺体中萃取化学物质。

步骤 2：利用气相色谱－质谱法，根据分子量来分离和鉴别化学物质。然后将它们与已经识别的化学物质数据库进行比较。

步骤 3：为了找出哪个化学物质是信息素，当这些化学物质通过气相色谱仪后，就被直接导到连接电极的雄蛾的触角，触角上面的感器只会对极少数挥发性化合物有所反应。

步骤 4：测试行为反应。在一个空气通道中观察蛾类，如果它们被混合物吸引，那么信息素化学物质就会被正确地辨别出来。

致命的吸引力

有些特定的蜘蛛已经演化出一种猎捕策略，它们利用雄蛾会受到信息素吸引的这个特点来捕猎。哈钦森乳突蛛（*Mastophora hutchinsoni*）在夜间会产生信息素来吸引硬毛夜蛾（*Lacinipolia renigera*）或长须裳蛾（*Tetanolita mynesalis*）的雄虫。很显然，信息素混合物在夜间会有所改变，这取决于蜘蛛想要吸引哪个物种。在白天，花园金蛛（*Argiope aurantia*）会引诱大蚕蛾科中俗称橡虫蛾的苗大蚕蛾属以及俗称公鹿蛾的鹿大蚕蛾属的日行性雄虫，蜘蛛借由分泌这些物种的模拟信息素来达成目的。如同蜘蛛一样，农业昆虫学家也会复制蛾类的信息素，但只能通过使用复杂的化学技术才能实现，他们会使用合成的信息素在田间和果园监控蛾类。如果要杀灭蛾类害虫，合成信息素时通常要结合杀虫剂或有黏性的诱捕胶，将信息素喷洒在田间也能够干扰害虫的交配行为。

字面意思的"勾搭上"

蛾类分类学家在描述和鉴定物种时花了很多时间在显微镜下观察蛾类交配的部位。蛾类雄性与雌性生殖器一起运作的方式被认为是一种"锁钥机制",生殖器的形式配置方式对每一个物种来说都是独特的,这避免了无秩序的种间杂交,进而杜绝了无法生存的子代的出生。在持续数分钟到数小时的交配过程中,一旦"钥匙"进入"锁"里面,一种复杂的混合物(不仅仅有精子,还包括额外对雌性有助益的化学物质)会以精包这种"包裹"的形式被传送到雌性体内。

在某些案例中,被称作阳茎针的特殊棘刺会随着交配行为被转移到雌性体内,虽然阳茎针的功能尚未明确,但一般认为这一结构可以协助之后的受精作用,并且避免雌蛾与其他雄蛾交配。雌蛾会将精包存放在腹部一个名为交配囊的器官内。精子从此处通过一个狭管游到阴道,在卵还没产下之前便完成结合。大多数蛾类有两个生殖开口,一个用于交配,另一个则用于产卵,所以交配和受精作用是两个分开的过程,并且发生在不同的时间。而在交配囊中发现的精包数量可以表明雌蛾交配过多少次。

≪ 这是一对正在交配的目天蛾(*Smerinthus ocellatus*)。位于上方的雌蛾通常在交配期间用它强壮的足支撑着彼此,使交配过程得以继续,而雄蛾则被动地悬着向下倒挂

↗ 绿长角蛾的雄蛾在植物上方聚集并形成求偶场,而后集体起飞并自我展示来吸引雌蛾交配

其他求偶讯号

除了信息素信号，许多蛾类还会产生与求偶相关的声音。复杂且具有物种专一性的超声波信号求偶机制已在频繁的演化中逐渐趋于成熟，在交配之前雄蛾会为雌蛾演唱一曲，而雌蛾也会用专属的声音回应并传达接受的讯息。大约在9000万至1亿年前，蝴蝶从蛾类当中演化出来，在求偶与交配时的物种辨识上，蝴蝶的翅纹发挥着重要的作用，视觉线索在蝴蝶当中大幅取代了蛾类求偶时长距离传输的信息素讯号。同样地，在一些日行性、体色鲜艳的物种中，像棕榈蝶蛾以及蝶蛾科的其他蛾类，雌蛾已不具有信息素腺体，而是利用视觉线索来找到雌虫，并且产生短距离信息素来向雌蛾求爱。相关研究

对欧洲的车前灯蛾（*Parasemia plantaginnis*）雄虫色彩异型现象（两种色型的存在）进行了深入探讨，证实这种现象虽然会增加来自鸟类的捕食压力，但同时也会促进雌虫的交配选择。在一些蛾类中，例如日行性的、因长触角和闪亮的翅膀而闻名的绿长角蛾，其雄虫会在求偶场聚集成一大群，并且进行飞行展演来吸引雌虫，这被称为群集竞偶。求偶场的行为常发现于其他昆虫，但在夜行性的蛾类中却很罕见。黄昏活动的雄性黑龙江蝠蛾通过求偶场让自己的银白色彩更显眼，好让雌虫在黄昏的天色中能够更容易看见它们。上述两个例子都说明了，在蛾类的交配行为当中，不仅仅只有信息素这一个影响因素，视觉线索可能比常规认知更为不可或缺。

成虫的觅食行为

　　和大多数蝴蝶一样，很多蛾类从花朵中吸花蜜，而有些则取食其他食物，例如树液、蜂蜜、腐果，甚至是泪液。然而，许多蛾类在成虫阶段并不需要食物，因为它们在幼虫时期就已经累积收集了足够的资源以确保能够完成交配与繁殖。不觅食的物种如所有的大蚕蛾科蛾类，它们甚至不具有功能性的喙，而一旦大蚕蛾在交配和产卵后资源用尽，便会死去。其他具有觅食功能的蛾类，成虫可能存活两到三周，有的甚至接近两个月。虽然经验会促进大脑发育，但是在成虫期的蛾类不会继续成长，它们的体型大小受到遗传及幼虫时期的食物品质等个体条件交互作用的影响。

<< 主要见于欧洲南部的九斑鹿蛾（Amata phegea）正在一株薰衣草的花朵上啜饮花蜜

↗ 臭椿巢蛾（Atteva aurea）在韭菜花上觅食

>> 甘蔗日飞蛾（Amauta cacica）在哥斯达黎加的蝎尾蕉花朵上觅食，它的幼虫会钻食蝎尾蕉属植物和芭蕉的根

维持寿命的糖与液体

　　所有的蛾类无论觅食与否，腹部都会有
一个名为脂肪体的器官，用于储存脂肪，从
某种程度来说，脂肪体的功能与肝脏类似。
脂肪体负责产生糖类和蛋白质并释放到血淋
巴，以满足蛾类的能量需求。对于觅食的蛾
类，获得的营养将会令它们活得更长久且更
有活力。研究指出，云杉线小卷蛾（*Zeiraphera
canadensis*）和一些其他种类的蛾类可以靠糖
水存活大约 3 周，有些蛾类如华丽星灯蛾，
则可以存活超过 6 周。新陈代谢是相当依
赖温度的，随着温度上升，蛾类需消耗更
多的能量来维持活动；一只蛾若是被放在
5 ~ 10℃的冰箱里，可以比生活在室温下的
同一种蛾类活得更久。研究证明，获取糖类
对蛾的寿命和生育力非常重要，但获取水分
更为关键，取食花蜜的蛾类可以依靠糖类存
活将近两个月，即便没有糖类也可以活一个
月；但如果没有水，它们的寿命往往不会超
过 1 周。

<< 中国云南的青背长喙天蛾（*Macroglossum bombylans*）将长喙伸入头状花序中取蜜。本种的英文俗名（humble hummingbird hawk moth）来自它嗡嗡作响的声音和振翅悬停的行为

>> 一种黑白灯蛾属（*Gnophaela*）的日行性灯蛾在俄勒冈的疆千里光花朵上取食，黑白灯蛾属在北美洲有5个近似种，它们黑白分明的色彩对捕食者有威慑作用

雌性生育力与雄性交配能量

蛾类活得越久就能够产下越多的子代。尽管雌蛾从蛹羽化时便带有完全成形并准备产下的卵，但在许多觅食的蛾类中，这些卵必须先成熟才能被产下，而雌蛾活得越久便会有越多的卵发育成熟。以云杉线小卷蛾为例，卵的成熟高峰为雌蛾生命的第十天，然而研究证实只有为雌蛾提供5%的含糖溶液才能达成这种情况。体型较大的雌蛾往往能活得更久且产下更多的卵，但前提是它们必须获得充足的营养。

蛾类两性都会寻找花蜜，雄性需要进食糖类获取能量来寻找雌性，并且在交配后重新恢复生殖潜能，因此它们能够交配好几次。这是因为交配要付出一部分代价，在交配时，雄蛾将营养物质连同精子一起转移到雌性身上，它们牺牲自己的寿命，投资在未来的子代身上。当然，这个效应会因物种的不同而有变化，在对柯夜蛾（*Copitarsia decolora*）的研究当中，交配过的雄虫存活期比没有交配的雄虫短，然而鳄梨西卷蛾（*Amorbia cuneanum*）似乎能够至少交配一次，且没有显著性的寿命损失。由于不同种类的雄蛾可能转移的营养物质的类型和数量存在差异，交配对蛾类的适合度和寿命的影响也不同。

蜜露与有益的毒素

花蜜是许多蛾类科群的首选食物，例如天蛾科蛾类、草螟科蛾类、夜蛾科蛾类、

裳蛾科蛾类、尺蛾科蛾类及其他更多科的飞蛾。然而，每个物种对花蜜成分的需求都不同。举例来说，有些物种，如天蛾，在花朵间盘旋，它们需要更多的碳水化合物，而其他物种可能需要较多的氨基酸。被花朵吸引可能跟蛾类在夜晚（或白天）活跃的时间有关，也与产卵的寄主植物是否就在附近有关，那样会使得觅食更有效率。

在一些案例中，蛾类的寄主植物刚好也是其蜜源，但不常见。有些花蜜是有毒的，就像毛毛虫具有专食性一样，只有专一性的蛾能够食用它。例如，黑白灯蛾（*Gnophaela vermiculate*）在疆千里光（*Jacobaea vulgaris*）的花上觅食，获取吡咯里西啶[类]生物碱（PAs）。取食这种有毒化合物不仅对它们

来说一点问题都没有，还能够增加蛾类的防御能力。有些蛾类会在自然界寻找这些物质，不仅是从花蜜中，也从有毒植物的萎凋组织中获取——天芥菜和其他含有生物碱的植物凋落叶，会吸引色彩鲜艳的、有化学防御力的灯蛾前来寻找 PAs，借此来提升自己的防御力和生殖潜能。在某些物种中，只有雄性会被这样的植物所吸引，而其他一些物种则只有雌性会寻找这类植物。在美国佛罗里达州，爱德华灯蛾（*Lymire edwardsii*）取食丝叶泽兰（*Eupatorium capillifolium*）的凋萎组织，对这种蛾来说凋萎组织中含有的 PAs 是氮的来源，这种独特的取用方式仅存在于能够将生物碱去除毒性的物种中。

夜行性的觅食者

原野上的大白花鬼针草（*Bidens alba*）在白天和晚上都会吸引昆虫。这些有着黄色盘状花蕊的花朵对日行性昆虫而言非常醒目，花朵外圈的白色花瓣包围着中间的花蕊，这对夜行性昆虫来说更加显眼。许多小型、白色、芳香且夜间亦盛开的花朵都将夜行性昆虫作为传粉者，蛾类便在这些传粉者之列。当蛾类寻找花蜜时，它们会侦测植物花的挥发物（复杂的多功能讯号），或许有某种先天的偏好，但是它们很快就能学会将收获与特定气味互相关联，因此蛾类的行为会随着经验而调整。

有些稀有的花朵，例如兰花，则需要专门的传粉者，它们能产生挥发物并以专一性的天蛾为目标，甚至某些特定的兰花的花蜜中含有独特的化学物质（除了糖类之外），可以进一步回馈给这些蛾类。这些植物具有长花距并且只在最深处可以获取到花蜜，因此造访的昆虫便只限于那些具有长喙的蛾类。这也增加了杂交受粉的概率，兰花产生

∧ 在英国牛津郡，夜晚中飞行的红天蛾正从忍冬的花中觅食

生物工程学的奇迹

　　在现今的生物工程学研究领域中，蛾类的喙可以说是个奇迹。这个能够盘绕和展开的智慧吸管用处很大，它能让蛾类无须耗费太多能量就收集到大量液体。它由两个独立的、被称为外颚叶的口器所构成，在成虫羽化的同时它们便快速组装成一个吸管状的构造。通常情况下喙会盘成一个紧密的螺旋形，依靠肌肉可以让它展开并且以不同的方式弯曲。马达加斯加的达尔文天蛾（*Xanthopan praedicta*）会在长距彗星兰（*Angraecum sesquipedale*）上方像直升机一样悬停，并将它那长达 30 厘米的喙伸入花的狭窄开口，在喙的亲水性与疏水性相互作用下，达尔文天蛾能将花内的液体转移到口腔中，这在一定程度上是通过利用液体在狭窄的吸管和毛细管内上升的作用力来实现的——管越窄，液面上升得就越高。

⋏　达尔文天蛾在栖息处休息，它的长喙在没使用时会紧密地盘绕着

花粉团（花粉包裹）而不是花粉粒，并且当喙完全伸入花距时花粉团便会黏在蛾身上，然后花粉团以同样方式被转移到另一朵花上。兰花是花朵最多样化的植物之一，它们常常利用这样的欺骗术操控着不同的昆虫。

花外花蜜

　　许多植物在花朵之外的腺体中产生花外花蜜，有时候在花的下方或叶片的基部，这对植物来说虽然是一种消耗，但也会为其带来好处。例如，蚂蚁会在西番莲属（*Passiflora*

spp.）植物上巡逻并且帮植物打发掉草食性天敌。不过，花外花蜜也会吸引白吃白喝的不速之客，例如暗纹切叶野螟（*Herpetogramma phaeopteralis*），夜间它们会聚集在西番莲的花外蜜腺周边。大豆夜蛾（*Pseudoplusia includens*）取食棉花的花外花蜜时生育力会增强，这种形式的昆虫—植物交互作用对授粉并没有帮助，但花外蜜腺可能直接引导那些没有授粉帮助的拜访者远离花朵，如此一来植物便可以保住花朵的花蜜并提供给理想的传粉者。

<< 一种裳蛾科壶裳蛾族（Calpini）
的落叶裳蛾在夜间觅食

>> 日行性的豹尺蛾（*Dysphania militaris*）雄蛾常常有类似蝴蝶的趋泥行为，它们会从潮湿的地面啜饮收集矿物质并且排出水分

其他食物

蛾类不会对奇怪的食物感到陌生。而且它们会像蝴蝶一样，常常饮用其他水源。富含糖类的水源都会吸引它们，包括树的汁液、蜜蜂巢里的蜂蜜，以及水果的汁液。不同种类的鬼脸天蛾因会进入蜂箱而臭名昭著，这些物种会袭击野外的蜂巢并饮用蜂蜜和花蜜；而吸引裳夜蛾最好的方法便是往树干上洒一些发酵的糖、酒和香蕉混合物。

人们可以用腐烂的香蕉作诱饵设陷阱捕获某些蛾类，这对一些大型的裳蛾特别有用，例如分布在美洲热带地区的黑女巫裳蛾（*Ascalapha odorata*），它会在果园和雨林里掉落的果实上取食。如同蝴蝶一样，许多裳蛾也会被发酵水果制成的诱饵吸引，例如落叶裳蛾（*Eudocima phalonia*），它们特化出坚硬且带刺的喙部结构，可以刺穿水果的果皮。马达加斯加的食泪半角裳蛾（*Hemiceratoides*

hieroglyphica）会寻找睡着的鸟类并且吸食它们的泪液（鸟类和爬虫类的眼睛会产生电解质溶液，类似人类的眼泪，可以维持眼睛的健康）。吸食泪液现象也发生在其他地方的许多物种身上，当一只蛾用喙去刺激睡眠中的鸟类的眼睛，它便可以"收获"鸟的泪液（人们观察到，在白天，蝴蝶常常到聚集在乌龟周边并且吸食它的泪液）。泪液中的盐分是吸引蛾类的主要成分，但在热带地区的

壶裳蛾（*Calyptra* spp.）从吸食泪液演化出了吸食脊椎动物的血液的行为。趋泥行为（在河岸和泥泞小路的泥土中收集盐分）在日行性的蛾类中特别普遍，例如燕蛾科日落蛾和许多日行性的尺蛾。虽然这个行为在蝴蝶中更常见一些，但雄性飞蛾为了寻找盐分和氮素，也会造访腐烂的动物这种一点也不美味的食物。

捕食者与防御

蛾类已经设计出许多巧妙的防御方式来对抗许多威胁。鸟类、哺乳类以及蜥蜴、蟾蜍、蜘蛛和胡蜂等，都是蛾类的天敌，这些天敌特别乐于寻找蛾类的幼虫，因为幼虫阶段的蛾类种类丰富，是优质的蛋白质来源。拟寄生物和疾病也让蛾类付出了相当大的代价。近99%的蛾类个体在可以繁殖之前便会死去。为了在这个充满危机的世界里保护自己，蛾类及其幼虫不得不演化出一系列"武器"和策略，例如刺、毒素、声音、不规则的飞行模式、伪装和拟态。

刺、毛、距刺和趾钩

许多毛毛虫长着坚硬的棘刺，可以刺伤那些想要吃掉它们的生物口中的柔软组织，

有时候某些蛾类的毛毛虫还能借由毒素造成更持久的伤害，例如刺蛾科毛毛虫。和其他裳蛾相比，灯蛾毛毛虫的刺柔韧而有弹性，

<< 伞树窗大蚕蛾的毛毛虫既有鲜艳的色彩，又有难以对付的防御性刺棘，可以吓退那些想要吃掉它的鸟类

>> 许多灯蛾的毛毛虫（被称为"绒毛熊"）长着稠密的毛，这样的外表很难勾起捕食者的食欲，甚至还能保护它们免受一些拟寄生物的侵害

或短而坚硬，或长而柔软（但易脱落），常会戳伤捕食者口中的柔软组织，令捕食者满嘴毛。许多蛾类的毛毛虫，例如大型的大蚕蛾在防御对抗蜥蜴这类脊椎动物捕食者时，会用趾钩紧紧抓住树枝，很难被扯下。在一些有棘刺的物种中，这种被动的防御策略特别有效，会逼迫捕食者不得不放弃；而其他像是灰翅夜蛾属飞蛾的毛毛虫，即便只是收到最轻微的危险讯号，也会松开树枝掉到地上把自己隐藏起来。

许多蛹都会由坚硬的茧保护，构成茧的主要成分是丝，有时也会有其他物质，例如毛毛虫的毛和分泌物。茧，以及由几丁质这种纤维物质构成的厚蛹壳，两者一起为蛾类幼虫屏蔽了外界侵扰与捕食者的侵害。虽然不是常见案例，但有些种类如南方绒蛾的蛹，因体侧长着的棘刺获得额外的保护；还有帝王大蚕蛾（ *Eacles imperialis* ），通常蛹的臀棘是位于腹部最后体节的一组钩状构造，但这种蛾的臀棘演化成了一个锐利的切割器官，即使这类蛾没有茧保护，蛹通过腹部剧烈的活动仍然可以有效防御捕食者。

天蛾成虫身上参与防御的构造包括锐利的胫节距和强壮的飞行肌，两者的结合使得鸟类和蝙蝠很难捕获或抓牢它们。当蛾类要击退攻击者时，强壮程度和体型大小也是一种优势：强喙裳蛾（ *Thysania agrippina* ）和乌桕大蚕蛾的翅展能超过33厘米，两者也都很有力量，对大多数的蛾类捕食者而言，这两个大家伙难以捕获。

<< 这是中国云南的一种毛毛虫，它很容易被误认为树枝的一部分

↗ 栎鹰翅天蛾（*Ambulyx liturata*）的前翅具有隐蔽的拟叶效果，而色彩鲜艳的后翅被它藏了起来

们辨别出来。在叶顶端觅食的年幼的毛毛虫可能看起来像鸟或蜥蜴的粪便，有时候成虫看起来也是如此，例如食蕈毛蛾（*Acrolophus mycetophagus*）。最常见的伪装色是绿色：这是一种很容易实现的颜色，毛毛虫只要让肠道里食物的颜色从半透明的表皮上透出来即可。尺蛾科的许多蛾类成虫都是绿色的，虽然生成鳞片中的绿色色素（称为尺蛾绿色素）并不容易。或许运用伪装色最巧妙的案例是圆掌舟蛾，它们身体两端看起来都像断裂的树枝，并且身体中间"印"有桦木树皮的色彩。

表型可塑性即由于环境因素的存在，相同的基因可以产生不同的表现型的能力，这种现象在毛毛虫和蛾类成虫当中比目前所认知的更加普遍地存在着。例如，在某些蛾类中，较低的化蛹温度会产生色彩较黯淡的蛾类成虫。非遗传多型性（或多表现型现象）是表型可塑性的另一种相当常见的形式，在不同的季节性条件下，物种会产生不同的表现型。就拿美国佛罗里达州北部的玉米眼大蚕蛾举例来说，如果顺利发育到成虫且全过程都没有停滞中断过，那么个体便会有黄色的前翅；如果进入滞育过冬，并且在次年的夏天羽化，那么个体的前翅便会是橘褐色的。

伪装大师

虽然一些蛾类成虫和其毛毛虫都有着鲜艳的警戒色，但大多数物种的外观看上去更具有隐蔽性——它们会伪装成树皮、树枝或叶子来融入周围的环境。许多蛾类也会将身体和翅膀摆成非常多样化的姿态，使得捕猎者几乎无法从它们停栖的植物上将它

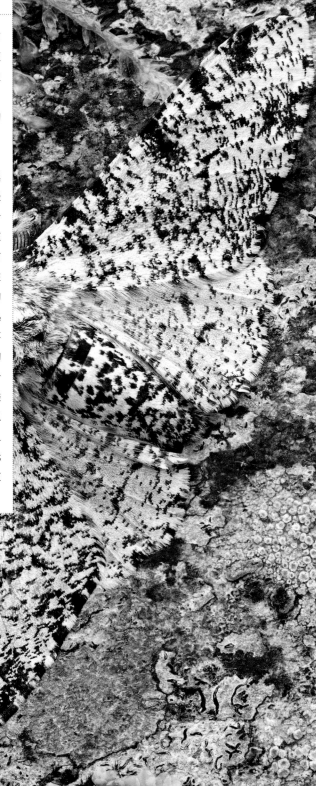

闻名遐迩的胡椒蛾：过去与现今

　　许多蛾类长得像树皮上的地衣。历史上有一个常被引用的范例，解释了物种适应选择压力的速度有多快。在十八至十九世纪英国工业革命期间，空气污染导致树上的地衣大量死亡，数十年的时间内，工业区里常见且颜色较浅的胡椒蛾（*Biston betularia*）（如图所示）消失了，因为此时颜色浅的蛾更容易被鸟类天敌发现，而稀有的黑色型胡椒蛾能更好地伪装起来，黑色的体色便成了优势。胡椒蛾的这种变异已经被证明是由基因决定的，具有可遗传性，如今我们终于了解了它的基础遗传学原理。近年在英国剑桥周边地区开展的一项有关遗传变异与鸟类捕食选择关系的研究中发现，相较隐蔽性较好的个体，鸟类对隐蔽性较差的蛾类个体的捕食偏好高出 10 个百分点，这一数字足以迅速改变任何特定地点蛾类种群的外观表现。不同龄期的毛毛虫其颜色和形态可能有比较大的差异——也许在这个时期像一根枝条，在那个时期却像一片树叶，而且毛毛虫常常也像蛾类成虫一样，有几种由基因决定的形式，这可以将它们被鸟类消灭的概率降到最低。比较出人意料的是，胡椒蛾毛毛虫的表皮上也有感光元素，在环境改变时，它们能够像变色龙那样改变体色。

↖ 分布于阿根廷至美国东南部的美洲葡萄优天蛾（*Eumorpha labruscae*）毛毛虫外表具有隐蔽性，但受到惊扰时它会抬起身体，扩张胸部，威吓进攻者

↗ 这是分布在秘鲁纳波河附近丛林中的白纹拟蛇天蛾（*Hemeroplanes triptolemus*）。尽管这种飞蛾的幼虫体型小巧，但这位拟态高手也能让人相信它就是有毒的颊窝蝮蛇。显然，很多鸟类无法辨别两者之间的差异

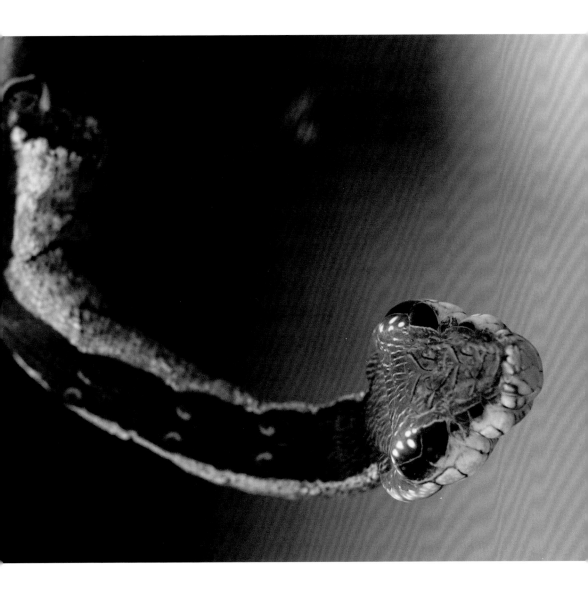

❦ 在毛毛虫中，通过拟态为蛇来进行防御是很常见的行为，就好比这只来自中国云南的拟叶裳蛾（Phyllodes spp.）幼虫

≫ 分布在哥斯达黎加的日行性飞蛾（Mesothen temperata）是令人叹服的胡蜂拟态者

伪装界的天才

在玉米眼大蚕蛾的案例中，成虫伪装时也运用了鲜明的色彩：为了迷惑鸟类和哺乳类捕食者，玉米眼大蚕蛾和许多其他蛾类会从它们那具有叶片形状和隐蔽色彩的前翅下突然露出明显的眼纹或条纹。裳夜蛾则会反过来运用这种策略，如果鸟类攻击未果开始追逐时，裳夜蛾便会落在树上，将有着闪耀色彩的后翅隐藏起来，悄悄地和树皮融为一体，从而甩开鸟类的追踪。在许多有毒的物种当中，鲜艳的色彩是它们主要的防御手段：被发现时，它们不会试图逃跑，而是会落到地面上露出鲜明的色彩，并且依靠浓烈苦涩的气味和味道来保护自己。

看起来像蜥蜴粪便的飞蛾

在毛蛾科蛾类当中，褐白色的食蕈毛蛾由于经常停栖在有蜥蜴排泄物的叶片上，很容易被误认为蜥蜴的粪便。然而，当仔细观察这些分布于整个美国东南部的体型微小的蛾类时，你能发现它华丽的头部亦有着错综复杂的细节，它那不寻常的羽状毛可以参与伪装，甚至可能还有其他未知的功能。尽管是一种常见的蛾类，但是食蕈毛蛾的毛毛虫只有一次饲养记录。由于食蕈毛蛾的毛毛虫取食一种攻击活树木材的多孔菌，因此它的拉丁文物种名为"mycetophagus"，意即"取食蕈类"。如图所示的毛蛾属（Acrolophus）代表了一个在新大陆地区超过220种的大属，其中美国分布着63个已知种，它们的毛毛虫在土壤中发育，以有机物质为食，很可能会取食真菌。

︿ 拟跳蛛草螟（*Petrophilla jaliscalis*）的眼纹和后翅上的线条模拟了小跳蛛闪亮的眼睛和面部图案，就如天堂跳蛛属（*Habronattus* spp.）的跳蛛一样

　　有些蛾类的毛毛虫会改变外观使自己看起来像一个蛇头，以此来恐吓天敌，它们身体前端体节或胸部上有眼纹，遇到危险时会鼓起来。许多蛾类毛毛虫的尾端反而长得像头部，这使幼虫更容易逃脱，或是使用具有分泌功能的刺防御。许多天蛾幼虫的身体后端有角突，并且尖锐多刺。二尾舟蛾的毛毛虫可以分泌蚁酸，受到攻击时它会从身体后端喷出这种液体，同时伸出血红色的后部丝状物。

　　许多蛾类翅膀边缘色彩鲜明的斑点可以分散天敌的注意力，使天敌忽略它们的头部（更致命的部位），进而保护自己。通常会攻击蛾类头部的鸟和蜘蛛被迷惑后会去攻击蛾类的翅膀边缘，因此蛾类受到的伤害很小且更容易脱逃。伪装性更强的例子是引人注目的舞蛾科（Choreutidae）眼舞蛾属飞蛾，近期一项在哥斯达黎加的研究指出，某些眼舞蛾的长相和行为非常像一种跳蛛，当真正的跳蛛遇见这种蛾时，不仅不会捕食它，甚至还会对着它求偶。

　　有时，蛾类也会出现贝氏拟态现象，即一个无毒的物种通过模拟另一种有毒、不可食用的物种来保护自己。例如，所有的透翅蛾在外形上很难和那些会造成蜇痛的蜂类区分开来；而一些日行性的天蛾，例如蜂鸟黑边天蛾（*Hemaris thysbe*）则模拟了熊蜂。

化学防御

有些毛毛虫能够取食有毒植物并吸收其中的各种次生代谢化合物，包括各种酸和生物碱，这些化合物能帮助它们击退攻击者。所有的这些化学物质（即植物本身用来防御、对抗食草动物的物质）可以让毛毛虫以及最后化成的蛹和成虫的体内具有毒性，对捕食者来说它们不仅味道不怎么好，甚至还有毒，因此这成了一种对抗自然界天敌很有效的化学防御手段。另外，有些毛毛虫不需要获取植物毒素，它们有腺体，可以自己合成自身需要的毒素，并通过中空的刺将毒素注射到捕食者体内。

如果防御性的化合物能持续存留到成虫阶段，那么它们所起到的保护作用已经使得

↑ 这是一只色彩鲜艳而且有化学防御的绿带燕蛾（*Urania leilus*）

有些蛾类转变成日行性的生活方式，不用再依赖黑夜的掩护或是靠快速飞行来逃脱天敌，因为蛾类的刺激性味道会令捕食性鸟类放过它们。这些蛾类通常长得像有毒的蝴蝶或者甲虫，这是一种被称为米勒拟态的现象，弱毒的物种会在形态、色型和行为上模拟一个不可食、强毒性的物种，从而共同分担被捕食的风险。捕食者很容易就记住了这些昆虫鲜明的警戒色彩，比起使用伪装、迅速逃跑或随机应变，这样的有毒警示能更有效地进行防御。在夜里，有些灯蛾，例如夹竹桃灯蛾（*Cycnia tenera*）和圆点鹿蛾，也会利用植物化学物质进行防御，运作方式也是类似的，只是它们发出类似的声音信号而不是用颜色向捕食的蝙蝠传达它们味道不好的讯息。

躲避危险

蛾类成虫最后但也是最有力的防御方式就是飞离危险区。天蛾通常会在花朵间快速飞行，不仅是在夜里，白天和傍晚也是如此，它们是飞得最快的蛾类，而且比大多数捕食者飞得更快。大型的大蚕蛾飞行速度慢了许多，但它们中的一些有着特殊的适应方式，例如后翅的尾突使得它们的飞行模式更加不规律且难以预测。有些研究已经证明，这些尾突可以迷惑蝙蝠这一类利用回声定位（借助声波侦测）的捕食者，许多较小的蛾类侦测到蝙蝠的讯号后会避开，但这种具有尾突的蛾类的翅型可以愚弄蝙蝠，使蝙蝠的攻击偏离头部而瞄准华丽的尾突。

<<　色彩鲜艳的日行性灯蛾通常具有化学防御，正如这种分布在墨西哥高原的王子鹿蛾（*Chrysocale principalis*）

<<　华丽星灯蛾的毛毛虫会取食富含生物碱的猪屎豆属植物的花朵，并将具有防御性的化合物存留在体内

拟寄生物、寄生物、真菌和病原体

　　即使蛾类在生命周期的各个阶段都已经发展出许多化学性的、物理性的乃至策略性的防御方式来对抗较大型的捕食者，仍然有其他敌人会带来额外的挑战。对蛾类来说，拟寄生物和微生物更加难以抵御，特别是在发育的早期阶段，拟寄生物和微生物会对鳞翅目昆虫造成几乎致命的伤害。为什么拟寄生物和微生物如此致命？关键原因是它们通常是寄生领域的专家。正如毛毛虫在演化过程中调整了找寻寄主、克服寄主的防御并且取食寄主的能力，这些潜伏的敌人亦是如此，它们栖居在毛毛虫（有时甚至是卵或蛹）体内，取食它们的身体，消耗它们的生命。这些自然界的天敌有些是极高效的杀手，以至于人类已经将它们武器化，例如饲养并释放拟寄生物来对抗蛾类入侵物种，或是使用细菌的 DNA 来制造杀虫剂。

拟寄生蜂

　　寄生物不会杀死它们的寄主（尽管它们可能会使寄主变得虚弱然后死掉），而拟寄生物与寄生物不同，例如茧蜂和姬蜂，它们会一点一点地消耗寄主，杀死蛾类幼虫。这些寄生蜂用尖锐的产卵器刺透蛾类幼虫的表皮，并将卵产在它们柔软的身体里面，待卵孵化后，寄生蜂的幼虫便开始从内部取食、消耗蛾类幼虫。专一性拟寄生物有时可以不受植物毒素的影响，例如拟寄生蜂黑头折脉茧蜂（*Cardiochiles nigriceps*）会攻击烟草夜蛾（*Chloridea virescens*），虽然烟草夜蛾幼虫取食烟草，但拟寄生蜂可以很好地对富含尼古丁的有毒环境免疫。

　　正如蛾类可以从远处接收到信息素，雌性拟寄生蜂也可以感知到寄主植物组织和觅食中的毛毛虫所制造出来的挥发性化学物质。有些姬蜂演化出了类似注射器的长长的产卵器（产卵用的管状器官），可以穿过土壤、木材上的洞或茧，到达毛毛虫或蛹的藏身之处，通常这些地方对于躲避其他天敌来说是有效的。然而，有些毛毛虫如亚曲实夜蛾会用化学性隐蔽手段伪装自己以对抗寄主植物，能同时躲避捕食者和拟寄生物，例如亚曲实夜蛾会避免在叶片上啃食，植物便不会制造象征 "SOS" 求救讯号的挥发物质而被拟寄生物侦测到，而亚曲实夜蛾也会钻进灯笼果的类纸质外壳内取食进而得到保护。

　　拟寄生物也可以定位蛾卵，赤眼蜂是体型极小的一类昆虫，体长约 0.3 ～ 1.2 毫米，

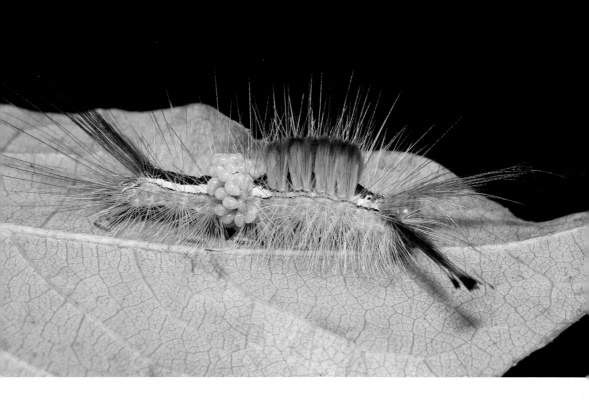

它们可以在一枚鳞翅目昆虫的卵里完全发育，然后取代新生的毛毛虫从卵里孵化出来。这些寄生蜂甚至在细胞层级上发展出了某些特定的适应方式，例如为了要经历这样的微型化过程，它们的神经元已经不具有细胞核。

　　毛毛虫常常躲在由卷叶形成的庇护巢内，只有在夜里觅食的时候才出来，或者只在树干、花朵和果实内部取食，且制造紧密的群体共用丝巢，如美国白蛾和幕枯叶蛾（Malacosoma spp.）那样。躲藏与夜间觅食大幅度地减少了寄生现象，然而有些姬蜂会用长长的产卵器刺穿这些丝巢，触及躲在里面的幼虫。蛾类产下的大量子代一般来说可以帮助维持成虫的种群稳定，但会随着自然界的天敌种群数量增减而起伏不定。

　　虽然拟寄生物有着摧毁蛾类幼虫的强大威力，但它们也需要放过适量的蛾类幼虫来维持自身的种群。如果一只雌性拟寄生蜂发现一群毛毛虫，它很少会寄生超过总数一半的毛毛虫。这些攻击者留下的化学标记很可能也会排斥随后而来的同种拟寄生蜂，后来的拟寄生蜂便会去寻找另一群尚未被寄生的毛毛虫。然而，有时候不同种类的拟寄生物也可能攻击同一种毛毛虫，这种情况下，后来的拟寄生幼虫必须要在寄主的血淋巴内与先来的拟寄生幼虫决一死战，这是昆虫生物学中引人不适的行为之一，无疑也启发了众多科幻电影制片人。

⋏　有些拟寄生蜂，例如姬小蜂科的成员会在毛毛虫体外取食。在这张图中，拟寄生蜂成熟的幼虫正在吸食一只毒蛾毛毛虫的血淋巴，在毛毛虫体表的它们看起来像一串葡萄

攻击与防御

有些寄生蜂在产卵之前会先往毛毛虫身上注射毒素使其瘫痪，这可以避免毛毛虫剧烈扭动或反咬寄生蜂（这通常是毛毛虫最先采用的防御方式）。当毛毛虫被制服后，拟寄生蜂会取食寄主的血淋巴。毛毛虫使用的物理防御机制可以很有效地抵御较大型的捕食者，也能对付一些广泛性寄生的拟寄生物。例如在一项研究中，茧蜂科的斑痣悬茧蜂（*Meteorus pulchricornis*）可以寄生大约 90% 的体表光滑的夜蛾幼虫，但遇见长毛的舞毒蛾幼虫时，寄生成功率便会下降到仅约 20%，只有当毛毛虫的毛被移除时，寄生成功率才会增加到超过 90%。

当毛毛虫的免疫系统检测到外来物时，常会用血细胞将外来物包裹住（并不总是如此），这是昆虫血淋巴中的一种可以辨识外来物并且进行防御对抗的游离细胞，其功能就相当于人类免疫系统里的白细胞。虽然这些细胞可以识别并包裹一般攻击者的虫卵，但一些专性的寄生虫已经进化出了不被血细胞发现的能力。

两个庞大的拟寄生蜂科别（茧蜂科和广腹细蜂科）的昆虫在毛毛虫体内发育的卵会产生畸形细胞，这种特殊的细胞是由拟寄生蜂胚胎周围的膜破裂所造成的，可以影响蛋白质在毛毛虫血淋巴内浓缩聚集的程度。它们与毒素、多分 DNA 病毒（一种特殊形态的昆虫病毒，由雌性拟寄生蜂将其与卵一起注入毛毛虫体内）颗粒一起，抑制了毛毛虫

<< 烟草天蛾毛毛虫身上覆满了拟寄生蜂烟草天蛾盘绒茧蜂（*Cotesia congregata*）的茧。如小图所示，一只雌性烟草天蛾盘绒茧蜂从茧里羽化出来，它平均在一只毛毛虫体内产下 65 颗卵

>> 有时，好几只寄蝇科的拟寄生物会在一条毛毛虫体内共同发育，因此一只雌寄蝇可能在毛毛虫的皮肤上产下许多卵，图上这只在法属圭亚那的天蛾毛毛虫就遇到了这种状况

的免疫防御并且操控着毛毛虫的激素活动，延长了寄主幼虫阶段的生长发育时间，使拟寄生物的幼虫受益。有些被寄生的毛毛虫甚至会像"僵尸"一样活着，散播拟寄生蜂的茧，甚至在拟寄生蜂羽化之后还会继续看守它们。

时机恰当且致命的寄蝇攻击

寄蝇科（Tachinidae）的苍蝇可能是专一性的，也可能是广泛性的寄生物，它们可以锁定一种或是一系列的蛾类物种。毛和刺可以帮助毛毛虫抵御寄生蜂的产卵器，但可能无法帮助毛毛虫逃脱寄蝇的寄生。许多寄蝇科的物种已经演化出了卵胎生（卵被产下时就已经处于一种胚胎发育的后期阶段，幼

虫很快就会孵化出来），甚至是完全的胎生（直接产下幼虫而不是卵）。通常龄期的蜕变或许可以帮助毛毛虫摆脱被寄生的命运，但前提是它必须足够幸运，能在寄蝇产下卵之后的短时间内刚好进行蜕皮。如果寄蝇在毛毛虫表面产卵，孵化出的幼虫便会钻进毛毛虫体内取食。在许多寄蝇科成员中，一只毛毛虫体内可以有一只以上的寄蝇成功发育，但最后羽化的寄蝇的体型大小，取决于有多少只拟寄生物一起享用寄主。再者，尽管雌寄蝇产的卵愈多，成功寄生的概率就愈大，但像这种会攻击粉纹裳蛾毛毛虫的盾鬃堤寄蝇（Chetogena scutellaris），无论雌蝇产下多少卵，寄主体内都只会发育出一只成蝇，几乎不会有发育出两只成蝇的情况。

寄蝇的幼虫会在寄主体内取食直到毛毛虫即将化蛹，届时它们会从正在化蛹的毛毛虫（有时是蛾的蛹）体内钻出来，远离寄主去化蛹，它们的表皮会变硬，形成有保护作用且硬化的蛹室。寄生蜂和寄蝇两者的发育都会随寄主发育过程更替而产生显著的精细调整，拟寄生物的幼虫直到最后都会尽量避免伤害寄主的内在器官，因此寄主可以持续成长并为它们提供食物。

一些拟寄生蜂会去寻找免疫系统较为薄弱的年轻毛毛虫，但寄蝇并不如此，它们似乎倾向于攻击比较成熟的毛毛虫，它们可以利用发育中的幼虫数量来压垮寄主的免疫系统，有些寄蝇物种还会操控毛毛虫的行为，促使它们吃得多一些或少一些。

吸食淋巴液和线虫寄生物

咬蠓（蠓科），英文称之为"no-see-ums"，意即"看不到的东西"，常常会攻击人类并且吸食血液。昆虫的淋巴液中没有人类血液中有的红细胞，但对这些微小的蚊子来说，淋巴液仍然是富含蛋白质的食物，特别是铗蠓（*Forcipomyia* spp.），已知它们也会攻击蝴蝶和蛾类。有趣的是，这类小虫的爪为了适应生存环境产生了变化，因而能更好地抓握住鳞片。在某种程度上，它们可能已经跟鳞翅目昆虫产生了共同演化。夜里，雌蠓会在一些大型蛾类像是赞来萨燕蛾（*Lyssa zampa*）的翅脉和腹部取食，它们用尖锐的口器刺穿几丁质来获取血淋巴，而白天则在各式各样的鳞翅目幼虫身上觅食。

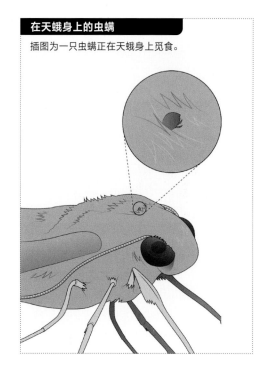

在天蛾身上的虫螨

插图为一只虫螨正在天蛾身上觅食。

普遍存在的线虫可说是最常见的寄生虫，它们会攻击植物根部和动物，特别是那些生活在土壤里的线虫。蛾类的毛毛虫当然也在被攻击名单中，在一项研究中，超过3%的草地贪夜蛾（*Spodoptera frugiperda*）个体的死亡是由线虫寄生所造成的。

细菌、真菌和病毒

有些蛾类的自然界天敌远比线虫和蠓来得更小，但同样致命。如果毛毛虫变黑并且像被腐蚀液化了一样悬吊在树枝上，那么它很可能是被杆状病毒感染了。杆状病毒是专门攻击昆虫的一种 DNA 病毒。当这些黑色液体从死掉的毛毛虫体内溢出，杆状病毒颗粒也会随之散播开来，并很可能被附近正在啃食叶片的其他毛毛虫摄取。某些真菌的孢子也会在叶片上积累，一旦被毛毛虫吃下肚，孢子便会在其体内悄悄地成长。就像被拟寄生物影响一样，这些感染了真菌的毛毛虫可能在发育的最后阶段之前看起来一切正常，但准备化蛹时却会转变成"木乃伊"，体内充满着真菌。有时，你可以找到一些长相奇特的毛毛虫或成蛾木乃伊，它们身上长着虫草属真菌。这些真菌（超过400种）长着长柄，有时还缀以孢子囊，外形相当奇特。

致病性的细菌同样也会杀死毛毛虫，为了与细菌搏斗，毛毛虫的唾液具有抗菌性。细菌也同样造成了自然界中已知的最有趣的交互作用之一：这个交互作用发生在鳞翅目昆虫与寄生性微生物沃尔巴克氏体之间。在 19 世纪早期，研究人员注意到非洲产珍蝶属的蝴蝶其性别比例上雌性显著多于雄性，然而一直到 20 世纪 90 年代，研究人员才发现这种遗传上的雄性个体的雌性化现象是由细菌造成的，而用抗生素进行处理则可以使种群恢复正常的性别比例。沃尔巴克氏体被发现广泛存在于昆虫类群当中，其中包括许多的蛾类，并且它们的影响作用在不同昆虫类群中各不相同。在近期的一项研究中，来自日本几家研究机构的科学家研究了一些全变成雌性的亚洲玉米螟（*Ostrinia furnacalis*），结果发现是细菌劫持了决定性别表现的遗传机制，导致亚洲玉米螟的雄性化基因受到抑制。

↗ 来自中国的一只天蛾成虫被刺束梗孢属的一种虫生真菌（寄生在昆虫身上）杀死

↘ 条纹优天蛾（*Eumorpha fasciatus*）的毛毛虫被麦角菌科的虫生真菌杀死

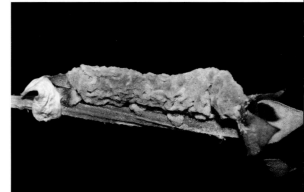

发声

　　蝴蝶、飞蛾和它们的毛毛虫看起来像是没有声音的沉默昆虫，造成这一假象的主要原因是我们的听力具有选择性。一般来说，人耳能听到的声音范围在 20 赫兹到 20 千赫兹之间，而蝙蝠的听力范围更广，能从 9 千赫兹到 200 千赫兹，它们能听到蛾类相互交谈的声音。有些蝴蝶和蛾类，例如蛤蟆蛱蝶和澳洲口哨蛾，发出的声音差不多刚好能被人类听见，但实际上大多数鳞翅目昆虫发出的声音，只有近距离使用灵敏的测量麦克风配合扩音器才能被人类听见，例如唧唧声、吱吱声、咔嗒咔嗒声和口哨声。这些声音有着多样的用途，比如在求偶期用来向竞争者传达讯息，或者用于防御、对抗捕食者。

情歌

　　雄性口哨蛾（Hecatesia spp.）会占据一块领域，飞行时产生点击般的口哨声，而停栖时则发出咔嗒声。和许多蝴蝶一样，它们具有领地意识并且会与任何闯入的其他雄蛾进行空中交战表演。它们鲜明的色彩和声音都是划定领域与求偶仪式的一部分。雄性小口哨蛾（Hamadryas exultans）坐在叶片上，以约

5 毫秒为间隔，连续、快速发出咔嗒咔嗒声，但大多数有以 10～15 次脉冲为一段的节奏。这些声音是由称为响板（castanets）的构造所产生，这是口哨蛾特化翅膀上的一对器官，由描述该物种的研究者命名。其他两种口哨蛾属 [南方口哨蛾（Hamadryas thyridion）和普通口哨蛾（Hamadryas fenestrate）] 的雄蛾会使用类似的器官发出一种点击哨音般的声

音，但仅在飞行中发生。

　　雄性亚洲玉米螟会将翅膀上举，通过振动来制造出超声波，这些"歌声"大多为25～100千赫兹，以8～10次脉冲为一段，并以此节奏持续好几分钟，这样的声音被描述为唧唧声。一次随机调查发现，被研究的物种中有七成会在求偶期间发出某种轻盈的歌声。与信息素一样，声学讯号可能同样具有物种专一性，可以帮助雄蛾从关系密切的近缘物种中辨识、区分出合适的配偶。在许多物种中，声音在确认配偶位置以及获得潜在配偶的接纳等方面起着重要的作用，圆点鹿蛾和其他日行性的裳蛾便是如此。

︿　雌性圆点鹿蛾发出超声波，因此雄蛾能够确定它所在的位置

蛾类如何听音

昆虫的听觉器官名为鼓膜，位于身体的不同部位。不是所有的蛾类都有协助听音的外部器官，但它们侦测声音的方式与我们类似——通过鼓膜受到声波冲击而产生振动并且刺激神经细胞。这样的听觉系统可能位于蛾身上的任何部位，包括翅膀、胸部、腹部、甚至是口器。毛毛虫也可以利用毛状的感觉受器侦测声波，它们会对所感知到的危险声音做出不同的反应，或是剧烈扭动，或是外翻瘤突，或是一动不动地待在一个隐蔽的位置。

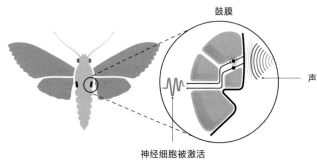

鼓膜

声波使鼓膜产生振动

神经细胞被激活

∧ 这是日行性尺蛾十字异型尺蛾（*Heterusia cruciate*）腹部上的听觉器官的特写

蛾类的警戒鸣叫

蚬蝶的幼虫会用棒状附肢的沟槽去摩擦头部的隆起引起振动发出声音，以此来跟守护蚁交流沟通。蛾类中还没有发现类似的系统，但已知某些大型蛾类会发出防御性声音，例如天蛾和大蚕蛾。有些天蛾，例如核桃纹天蛾（*Amorpha juglnadis*）的毛毛虫，能借由腹部的收缩让空气从气管通过并快速排出气门，产生哨声；横带天蛾（*Amphion floridensis*）的毛毛虫，则是会从口中吹出空气来发出类似的声音。赭带鬼脸天蛾（*Acherontia atropos*）的发声机制比较独特，它会将空气从口腔排进缩短的喙，用来发出可以被人类听见的吱吱声；这些毛毛虫在受到干扰时便会发出声音，以威慑捕食性鸟类。

烟草天蛾、独眼巨人柞蚕和许多其他种类的毛毛虫的大颚上有特殊装置，能够互相滑动产生咔嗒声。笋纹蛾的毛毛虫制造出的声音也可以被人类听见。这些声音可能是真的防御手段，如毒素和尖刺；也可能仅仅是虚张声势，目的是吓唬捕食者，让捕食者误以为自己碰上的毛毛虫是危险的、有毒的。

许多蛾类物种的蛹，在扭动的时候也会通过刮擦其腹部体节发出声音，这是否是一种有效的防御方式目前还未知。

当猎食中的蝙蝠四处飞行寻找昆虫来吃的时候，通常会以每秒 2 ~ 10 次的频率发出 25 ~ 100 千赫兹的超声波鸣叫。当它们接收到回声并且开始快速接近潜在猎物时，便会发出更大的鸣叫声。每个夜里数百万的蛾类会成为蝙蝠的猎物，而在演化的过程当中，蛾类也对此发展出了许多防御手段。有些大型蛾类具有翅鳞，这种超构材料能够抑制降低蝙蝠叫声，有些蛾类能侦测到蝙蝠的鸣叫，并在听觉系统发出危险逼近的警告时采取主动防御。有些蛾类试图以飞行速度取胜，还有些蛾类比如灯蛾则会借助位于胸部、充满空气的听觉器官中的振膜产生咔嗒咔嗒的超声波，这些声音不仅可以干扰蝙蝠

的回声定位机制，也可以告诉蝙蝠前方的猎物很可能不怎么美味可口。有些蛾类会借由摩擦发声，例如用足的分节去摩擦翅膀上的发声肿（stridulatory swelling），某些夜蛾便是如此；天蛾也常常用生殖器去摩擦腹部体节发声。许多其他类型的摩擦发声机制也在不同的飞蛾类群中演化出来。

↑ 一只蝙蝠正在使用回声定位追逐一只蛾

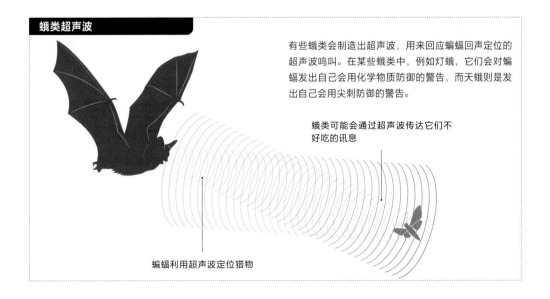

蛾类超声波

有些蛾类会制造出超声波，用来回应蝙蝠回声定位的超声波鸣叫。在某些蛾类中，例如灯蛾，它们会对蝙蝠发出自己会用化学物质防御的警告，而天蛾则是发出自己会用尖刺防御的警告。

蛾类可能会通过超声波传达它们不好吃的讯息

蝙蝠利用超声波定位猎物

MOTHS OF TROPICAL RAINFORESTS

热带雨林的蛾类

热带雨林的多样性

虽然所处的大陆和海拔各不相同，但横跨全球且靠近赤道的热带雨林里都生活着种类繁多、数量庞大的动植物，其中当然也包括蛾类。鳞翅目昆虫，尤其是种类繁多的蛾类，是热带雨林中多样性极高的类群之一。顾名思义，热带雨林中有着大量的降雨——年降水量高达 10 000 毫米。丰沛的降雨及持续温暖、平均约 28℃的气温，造就了热带雨林植被葱郁茂盛、树木参天的典型风貌，对野生生物来说是繁衍生息的理想家园。

耀眼的飞蛾

有些最大型、最壮观的蛾类，以及多样性最高的微小潜叶性蛾类，都能在这里被发现。热带雨林里的生物有着最华丽的色彩、最变幻莫测的翅型，以及最不寻常的生活方式，蛾类及其毛毛虫也不例外。

⟨⟨ ⋀ 地球上的雨林正以惊人的速度消失，如今的雨林面积仅为一个世纪前的一半。一些科学家预测，所有的雨林将在接下来的100年内完全消失

↗ 这是在厄瓜多尔的云雾雨林里拍到的一只美丽的晓尺蛾

　　热带雨林中同样栖息着丰富的鸟类、蝙蝠和其他蛾类的捕食者和寄生物，因此对鳞翅目昆虫而言这里是一个具有挑战性的环境，它们的适应能力时刻经受着考验，它们必须为了生存而战。不过，植物丰富的多样性也使得每个物种总能够找到一个独特的生态位。不幸的是，正当研究者开始了解这些生态系统时，许多物种在未被适当描述之前便因为森林砍伐而消亡。科学家们还注意到一些蛾类正因为气候变迁而剧烈减少。所有的困扰都表明：人类必须做出改变。

惊人的物种——大与小

生长在美洲中南部热带雨林中高耸的树冠，是强喙裳蛾（又名白女巫蛾）这种引人注目的鳞翅目昆虫的家，其翅展将近30厘米。东南亚的乌桕大蚕蛾与它的近缘种，分布于澳大利亚和新几内亚岛的赫澳大蚕蛾（*Coscinocera hercules*），两者的体型都如同西餐盘那么大，雌性赫澳大蚕蛾的翅表面积是所有鳞翅目昆虫中最大的，雄蛾的后翅延伸成细长的尾突；马达加斯加月亮蛾（*Argema mittrei*）也是如此，它的尾突长度可以达到15厘米。

热带雨林生态系统中也生活着种类繁多的小型蛾类。潜叶蛾的幼虫常常挖洞钻进叶片内觅食，因此其英文名为"leaf miners"，意即"叶子的矿工"，人们用肉眼几乎看不见它们。可能许多人认为体型微小的昆虫并没有大型物种那样迷人，然而如此的微小或许更体现了令人印象深刻的演化壮举，所有的器官功能，从幼虫的觅食和产生激素到成虫的飞行与交配，都必须在更小的身体内完成。这些物种中有许多本身就很令人惊叹，翅膀虽小却色彩斑斓。正如大型蛾类一样，鲜艳的色彩被认为可以帮助它们互相沟通，也可以避开雨林中数量丰富的小型捕食者，例如跳蛛。在所有的生态系统中，特别是在热带雨林中，仍有着大量、多样的潜叶蛾尚未被描述，热带雨林中还藏匿着许多其他地方没有的原始科群的代表种。

丰富的资源推动了多样性

热带雨林所获得的充沛的阳光与水分促使植物快速生长，随之而来的是与其他生态系统相比更为庞大的生物量（一个地区生物

<< 赫澳大蚕蛾是超大型飞蛾之一，它整个翅膀表面积有300平方厘米

>> 乌桕大蚕蛾的幼虫体长可以超过11厘米

的总质量）循环。蛾类本身就在热带雨林生态系统的物质循环中扮演着重要的角色：叶片掉落到森林底层然后被分解；分解出的营养物质滋养了土壤，然后被植物的根部吸收以供生长所需；食草动物会加速植物的腐烂进程，据计算它们破坏了 10% ~ 45% 的叶表面积（具体数值因树种、高度和季节的不同而不同），而毛毛虫正是这个过程中的主要贡献者之一，它们摄取植物中的部分营养物，然后以虫粪（粪便）的形式释放剩余的养分，这些粪粒会啪嗒啪嗒地从树上落下来。

这种持续的更新解释了为何热带雨林里的生命是如此多样：例如英国有大约 2.8 万平方千米的温带林地，但仅有大约 70 种本土原生树种；相比之下，在仅 0.01 平方千米的亚马孙雨林内，研究人员就已辨别出了 200 多种树木。同样地，在全世界雨林中执行的每月调查

表明，热带雨林的局部物种多样性远大于其他栖息地，而且样本中很可能包括了高比例的稀有物种。研究还显示，在不同海拔高度分布着不同的蛾类物种，那里的植被也不同；而当同一种毛毛虫生活在不同海拔之处时，其中的一些能逐渐去利用新的寄主植物，这就导致新的蛾类物种发展出来，进而增加了蛾类多样性。

在哥斯达黎加雨林，一个持续长达数十年的蛾类幼虫研究已经产出数十篇科学文章，当地研究人员采集了数以万计的毛毛虫，并且将它们饲养到成蛾。这项长期研究显示，即使在同一片森林内，成虫看起来几乎一样的物种，其幼虫看起来也会有些微的差异，并且可能取食不同的寄主植物，面临不同的拟寄生物侵袭。命名与描述一个新的物种是个漫长的过程，这些研究进一步指出热带雨林的多样性甚至比我们先前所想的更加丰富。

雨林的植物与花朵

最高的雨林树木及其树冠创造出了一个大教堂般的环境，"教堂"底层凉爽而阴暗，生长着较小的树木和灌丛，还有不同程度的微栖地蓬勃发展着。尽管森林底层地表只有微弱的光线，但仍有阳光从倒下的树木留出的间隙中洒下，植物得以开花。

⋏ 这是一对正在交配的坡橙斑鹿蛾（*Euchromia polymena*）。这种蛾广泛分布在东南亚，它们身上鲜艳的红色、蓝色与黄色表明它们有化学防御

⬈ 这种分布在中国云南的灯蛾拟态成蜂类，它洁净的翅膀几乎是透明的，这是因为翅膀上缺乏大多数鳞翅目昆虫拥有的鳞片

植物的基本组成

许多具备化学防御手段的蛾类会取食木质藤本植物，例如分布在非洲、大洋洲、亚洲和西太平洋的榼藤（*Entada phaseoloides*）以及分布在拉丁美洲的喜林芋（*Philodendron* spp.），这些藤本植物的茎延伸长度可超过300米，它们绕着树干盘旋向上攀缘，直达树冠层。鲜艳的日行性蛾类毛毛虫，例如螾蛾科毛毛虫和某些透翅舟蛾亚科的毛毛虫偏好马兜铃（*Aristolochia* spp.）和西番莲，这些植物体内含有具保护作用的酸和生物碱，蛾类会把这些物质为己所用，用于防御。对这些和其他热带蛾类来说，植物次生代谢化合物是至关重要的：在演化的过程中，毛毛虫早已克服了植物的防御机制，以它们为食并吸收其中的化学物质。毛毛虫的饮食偏好基本决定了雌蛾成虫会把卵产在哪种寄主植物上，因为卵常常被产在幼虫一孵化便能快速开始进食的位置。蛾类也比较有可能在寄主植物周围找到配偶，因此寄主植物的分布可以帮助界定蛾类的分布范围。

蛾类从寄主植物中获得的化学物质，对于帮助某些生化变化以促进繁殖不可或缺，例如许多有毒的热带灯蛾会从有毒的次生植物化合物中衍生出一些化学物质，用来发展成具有求偶信号的信息素，而且毒素也能帮它们防御、对抗许多雨林里的捕食者，例如蝙蝠和鸟类。

有些灯蛾，包括在所罗门群岛上华丽的橙斑鹿蛾属和玫灯蛾属飞蛾，会从某种天芥菜（*Heliotropium arboretum*）的萎凋植物组织中获取并衍生出这些化合物，类似的行为在热带地区的其他地方也有发生。

访花觅食

在哥斯达黎加雨林里，巨大的日行性飞蛾甘蔗日飞蛾（蝶蛾科）会与蜂鸟一起从美丽的丝花蝎尾蕉（*Heliconia pogonantha*）的花朵中取蜜，甘蔗日飞蛾的毛毛虫会钻洞进入蝎尾蕉属植物的根部觅食与化蛹，它们有时也会危害香蕉和芭蕉，并且会取食姜目（Zingiberales）植物。

一些雨林蛾类会在毛毛虫时期取食附生植物（非寄生，而是依附于其他植物体表面生长），成虫则在植物开花时吸取花蜜，这些附生植物包括兰科植物，以及大部分在热带雨林中发现的凤梨科植物。在南美洲，神圣蝶蛾（*Castnia therapon*）和其他大型日行性的蝶蛾科物种幼虫会钻入兰花的根茎和球茎内取食。在爪哇岛，一些石斛属和蝴蝶兰属的植物是斜带厄瘤蛾（*Urbona chlorocrota*）的寄主植物。天蛾也会造访兰花并帮其传粉，例如马达加斯加雨林的长距彗星兰。兰科植物、凤梨科植物会在森林不同分层的树干上生长。在墨西哥热带森林里，异叶铁兰（*Tillandsia heterophylla*）的花也会迎来夜蛾、蝙蝠之类的客人。

协同进化与拟态

许多热带雨林的毛毛虫和蛾类有鲜艳的颜色和眼纹，这都是它们的防御手段，就像是街道口的警示路标，红色、黄色的色块与黑色的斑点或条纹搭配着，提醒捕食者它们所攻击的这些物种体内具有有毒的化学物质，而眼斑纹则会迷惑攻击者。

模仿游戏

在毛毛虫中，模拟蛇是常见的现象，因为许多蛇栖居在热带森林中，而且鸟类通常都会主动避开蛇。在 19 世纪中期的亚马孙远征考察中，英国博物学家亨利·沃尔特·贝茨（Henry Walter Bates，1825—1892）构思提出一个理论：一个无害的物种会去模仿另一个比较有危险性的种类，来作为自身防御的一种形式。这一理论被后人称为贝茨拟态。这是贝茨以蝴蝶为观察对象所见到的一些特点，贝茨拟态当然也见于蛾类。

贝茨在他的野外日记中绘制了像蜂类的巴西灯蛾的精美插画图版，但直到 2020 年这些插画图版才被发表，当时他并不知道这些蛾是有毒的。大约在同一时期，德国博物学家约翰·弗里德里希·特奥多尔·米勒（Johann Friedrich Theodor Müller，1821—1897）也提出了一个观点：防御性良好的物种彼此间会互相模仿，以对天敌强调它们的毒性。这一现象被称为米勒拟态。贝茨在插画里画的那些像蜂的灯蛾，以及分布于东南亚的、会模仿有警戒色的大型凤蝶的那些像蝶类的斑蛾，都是这种拟态的范例。其他日行性的灯蛾，例如黑斑黄苔蛾属和萤灯蛾属（Lycomorpha）蛾类，看起来跟红萤科的网翅甲虫非常相似，要区分它们真的是一项挑战，而这些蛾和甲虫都是相当难吃的种类，因此这也是米勒拟态的其中一例。

＜＜ 这是来自中国云南的鳞刺蛾（Squamosa spp.）毛毛虫，这种色彩鲜艳的毛毛虫会利用它那有毒的刺毛令攻击者产生灼痛感

热带蛾类的艺术

在 19 世纪，缪勒、贝茨和达尔文的工作引起了其他欧洲人对于热带昆虫多样性的关注，其中就包括了鳞翅目昆虫。早在 17 世纪，伟大的德国艺术家、博物学家玛利亚·西比拉·梅里安（Maria Sibylla Merian，1647—1717）用欧洲地区一些代表性物种（包括毛毛虫和茧）的插画，激发了人们对蛾类的兴趣。1705 年，她从当时的荷属圭亚那（今苏里南）旅游回来后，便制作了《苏里南昆虫变态图谱》（Metamorphosis Insectorum Surinamensium）一书。书中，梅里安描绘了令人称奇的南美洲蛾类幼虫与成虫，例如巨人哀天蛾和强喙裳蛾，这让许多身处欧洲的人第一次意识到有如此丰富的生命存在于热带雨林当中。梅里安也着迷于在她那个年代鲜为人知的昆虫变态过程，并且记录了许多物种，其中包括一些苏里南的热带种类，她也因此成了一个真正的热带鳞翅目研究先驱。从那时候起，蛾类便让一众艺术家着迷，其中便包括萨尔瓦多·达利（Salvador Dalí，1904—1989），他将蛾类意象整合到了许多超现实的画作当中。在纽约，约瑟夫·希尔（Joseph Scheer）持续创作出令人惊叹的作品，他使用高解像力扫描仪和喷绘机来制作蛾类针插标本的巨幅肖像，部分作品就涉及热带的蛾类物种。

>> 强喙裳蛾的翅展很宽。右侧为玛利亚·西比拉·梅里安于1705年在《苏里南昆虫变态图谱》一书中所作的插画

自然转移

上述两位热带生物学先驱都从在巴西的工作中获得灵感，这绝非偶然，在那里他们能够亲眼看见生物多样性和大自然的优胜劣汰，这些在更早时便已经让英国博物学家查尔斯·达尔文（Charles Darwin，1809—1882）极度感兴趣并且为此着迷。在许多拟态案例中，正是生存的动力导致了这样的演化，昆虫复制了不相关的物种的元素来避免被鸟类捕食。但是这样的策略有时候也会发生在意想不到的物种上，在秘鲁的亚马孙雨林中，栗翅斑伞鸟（Laniocera hypopyrra）刚孵化的雏鸟会模仿有毒的绒蛾毛毛虫来保护自己，它们的羽毛看起来非常像绒蛾毛毛虫的火焰色彩斑绒毛，此外雏鸟也会缓慢地左右摇头，动作简直跟绒蛾毛毛虫一模一样。

具有特殊习性的热带蛾类

大多数蛾类的毛毛虫是植食性的，然而有些蛾类在幼虫阶段有着与众不同的饮食习惯和异于寻常的栖息地选择，比如一些在切叶蚁的真菌废弃物中生活的物种，以及一些吃树懒的粪便并与它们和谐共居的物种。

取食蚂蚁吃剩的真菌碎屑

沃尔辛厄姆男爵六世托玛斯·德·格雷（Thomas de Grey, 6th Baron Walsingham，1843—1919）在 1914 年首次描述了双边鸟粪毛蛾（*Amydria anceps*），但当时关于这一物种的生物学信息大部分都是未知的，直到 2003 年人们才开始对其详细研究。科学家开展了对其幼虫的研究，结果显示，双边鸟粪毛蛾幼虫只取食芭切叶蚁巢穴群落中生长的废弃真菌，这些大多数居于热带的蚂蚁生活在各式各样的栖息地中，包括荒漠和热带森林。这些蚂蚁离开庞大的巢去寻找叶片材料，用来培育地下深处巢室内的真菌，一旦它们吃完了生长中的真菌，便会将垃圾（废弃真菌）丢在巢外。在那里有成群的双边鸟粪毛蛾幼虫，这些幼虫不仅不会受到蚂蚁的危害，而且还会吃有营养的、混着蚂蚁粪便的剩饭剩菜。这种长条状像蛆一样的幼虫会用丝和碎屑在自己周围构筑管道，随后在里面化蛹，小小的成虫身上有各式各样、深浅不一的褐色花纹，翅展可达 4.5 ~ 11 毫米，它们往往会在大雨过后的几天内羽化。

<< 切叶蚁取食生长在切下来的叶片上的真菌，它们觅食后产生的真菌副产品是双边鸟粪毛蛾的食物

↗ 微小的树懒螟蛾因住在树懒的毛发中而获得了保护，并且能促进树懒所喜爱的藻类生长

生活在树懒毛发中的蛾

在 20 世纪早期，有两位研究中南美洲雨林中蛾类的生物学家，各自描述了栖居在树懒毛发中的蛾类物种。1906 年，德国昆虫学家阿诺德·斯普勒（Arnold Spuler，1869—1937）将他新发现的一种原产于巴西的蛾类命名为哈氏树懒缓螟（*Bradypodicola hahneli*）。而在 1908 年，美国昆虫学家小哈里森·格雷·戴尔（Harrison Gray Dyar Jr.，1866—1929）将他新发现的物种命名为二趾树懒隐螟（*Cryptoses choloepi*）。这两个螟蛾科的蛾类所归的属后来被证实有相当明显的差别。

较少被研究的哈氏树懒缓螟成虫据信会在深入动物皮毛时失去大部分翅膀（丧失飞行能力），而树懒螟蛾属的成虫会从毛发中飞起，有时数量还很庞大。2013 年，一项关于这些物种与三趾树懒之间关联性的详细研究总结出：蛾类、树懒与树懒毛发里的藻类，三者有着复杂且高度不寻常的互利共生关系。三趾树懒会冒着被捕食者攻击的危险爬下树排便，树懒螟蛾属的雌蛾能够在粪便上产卵，毛毛虫便在粪便中取食并发育，等发育为成虫便再飞回到树懒身上，并且在有安全保障的树懒毛发内交配。树懒也获得好处，因为树懒螟蛾属蛾类的存在显然促进了树懒毛发内营养性绿藻的生长，当树懒自己理毛时便会吃掉绿藻，并且绿藻对树懒在树上的伪装也有贡献。目前已知还有其他三种蛾类——瓦氏树懒隐螟（*Cryptoses waagei*）、暗色树懒隐螟（*Cryptoses rufipictus*）、加布氏树懒螟蛾（*Bradypophila garbei*），它们都与树懒有类似的关系。

· 飞蛾 ·

季节性变化与迁徙

　　不同大陆的热带雨林经历着不同的季节性变化，但这里的季节性远不是人们传统中所想的那样。尽管所有雨林都是常绿的而且气候条件相对温和，但雨林中的雨季和旱季之间有着显著的不同，进而导致动物群落的变化，有时候还会使物种出现独特的行为适应。

迁徙的诱因

　　燕蛾科是一个热带蛾类科，约有 700 多种蛾类，且常常是大型且色彩鲜明的种类，其成虫可能会以惊人的数量大规模迁徙。举

> ⋏　波氏燕蛾（*Urania boisduvalii*）遍布古巴，这种蛾会沿着古巴广阔的海岸线群体飞行迁徙，目的是寻找脐戟属寄主植物

例来说，拉丁美洲的燕蛾属（*Urania*）飞蛾和马达加斯加的金燕蛾属（*Chrysiridia*）飞蛾都有这种行为。在引人注目的绿燕蛾（*Urania fulgens*）的迁徙中，大多数雌蛾会带着成熟的卵，这跟哥斯达黎加的旱季有关，意味着这种迁徙行为的发生是由于该种毛毛虫的寄主植物发生了季节性变化，食物可获取性也相应地产生了变化所导致的。叶片毒性的增加也可能引发迁徙行为，对于密集的毛毛虫啃食，植物会制造出浓缩的防御性化学物质造成幼虫死亡，促使成虫转向寻找新的寄主植物。绿燕蛾和美丽的马达加斯加金燕蛾两者都取食有毒的大戟科脐戟属寄主植物，并且已知能完全把叶片取食殆尽。

　　另一种引人注目的大型蛾类赞来萨燕蛾有着庞大的数量，在东南亚一带，它们在白天和夜晚季节性出现。这些蛾的毛毛虫也吃大戟科植物，例如橡胶树和一些其他种类。2014 年，在新加坡、泰国、马来西亚，研究人员报道了这个物种大规模羽化和后来的迁徙，并估算出当年六月平均一棵黄桐属树木

上就有 15 000 ～ 20 000 只成熟的毛毛虫将叶片取食殆尽，因此，当年市民报告的蛾类目击数量令人惊讶地比常年平均高出 50 倍。

天蛾的季节多样性

　　有学者认为，亚马孙雨林里栖居了巴西 80% 的天蛾物种，但是有四分之一的物种仅在雨林里才能发现。在其他地方，为了避免毛毛虫取食的合适寄主植物叶片发生暂时性的季节消退，大多数的天蛾都会有迁移行为，它们可以长距离飞行并且很少着陆，甚至能在飞行中进食，因此它们极大地依赖花蜜等能量供应。印加树在天蛾的生长发育中扮演了关键的角色，在大西洋雨林里，70% 的天蛾成虫在印加树的花朵中觅食，因此，这个地区天蛾的季节多样性与三种印加树的开花季节相关联。由于体型大，天蛾成了最好研究的蛾类类群，虽然许多当地物种受到威胁且即将灭绝，但科学家仍持续发现新种：在 2021 年，学者描述了南美洲的木天蛾属（*Xylophanes*）的一些新种。

↖　东南亚热带地区的赞来燕蛾会迁徙飞出雨林，人们常常可以在灯光附近甚至是在大城市里发现它

↑　在全球，有毒的脐载属植物是一些燕蛾的寄主植物

↗↗　在新热带界，许多天蛾为了寻找寄主植物和花蜜会季节性地迁入或迁出雨林

　　在马达加斯加，达尔文天蛾会帮一种极美丽且至今已极为稀有的彗星兰授粉，它飞行活动的时间刚好与彗星兰开花的时间不谋而合。达尔文天蛾的喙是蛾类当中最长的，只有它能将喙伸入彗星兰的蜜腺里。这个独特的植物与传粉者之间的关系之所以广为人知，很大程度上是因为达尔文预测了会有这种传粉机制存在，但也同样因为彗星兰美得如梦似幻，吸引了更多人的目光。类似这样昆虫（包括蛾类）与花朵的关系在雨林中是很普遍的，但大多数目前尚未被描述。

森林砍伐与气候变迁的效应

森林砍伐对地球上的蛾类来说是主要威胁，特别是在热带地区，森林正以惊人的速度被砍伐与焚烧。2022 年世界资源研究所发布的报告指出：在热带地区，每分钟约有 11 个足球场大的重要树林消失。有时候森林被砍伐后仍会留下被干扰过的栖息地，但原本茂盛森林中大多数的物种多样性已经消失，这些被砍伐的地区随后通常会被焚烧以清除土地，并为养牛的牧草生长提供额外的营养。当土壤养分被耗尽，这些土地甚至就会被废弃。但即使土地被废弃，植物物种也很难再次繁衍，因为雨水会快速冲刷掉薄薄的表土层，使岩石暴露出来。

雨林的破坏

热带岛屿是许多独特的蛾类物种的栖息地，马达加斯加的大多数蛾类都是特有的，然而在 1950—1985 年，岛上的森林消失了一半，

并且从那时以来，森林消失的趋势一直持续着。在菲律宾，由 7000 多个小岛组成的群岛上也栖居着许多特有的物种，然而许多低地森林都已经被破坏，只有在某些岛屿的山区里才能发

❯ 巴西东南部马尔山脉周边的森林砍伐与土壤侵蚀现象

现一些残存的雨林。为生活在这里的人们提供经济援助，并加强强调生物多样性的美丽与重要性的自然教育，特别是如果能结合快速、果断的保育努力，就可以帮助拯救这些残余的雨林。做出这样的改变迫在眉睫。

在南美洲大陆上，大西洋沿岸森林从巴西东北部沿着海岸线向阿根廷、巴拉圭的内陆延伸。曾经的覆盖面积超过100万平方千米，但由于砍伐，森林已支离破碎，且残留的森林仍然非常容易受到砍伐和农业清除的危害。研究显示这些残留的森林中仍然存在着极高的物种丰富度，其中包括超过1200种灯蛾物种，它们占了巴西所有已知灯蛾的60%，也占整个拉丁美洲已知灯蛾的20%。

尽管遭到砍伐，但这片森林的生物多样性仍十分丰富（仅次于亚马孙森林），并且新物种仍持续被发现。如塞拉博尼塔山地自然保护区（Serra Bonita mountain nature reserve），它临近巴伊亚州的卡马坎镇，是这个州的一小部分，虽然不大，但却是10 000多种蛾类的家园。这里的蛾类物种数量大约跟整个美国发现的蛾类一样多。这里有两种有着祖母绿宝石色彩的美丽舟蛾：绿舟蛾（Chlorosema lemmerae）和玫舟蛾（Rosema veachi），它们在2017年首次被描述，且都是在人类帮助保护它们的栖息地之后，这些栖息地目前包括25平方千米的私人保护的雨林。在全球各地的政府对于环境保护承担责任之外，这种私人的举措为环境保护事业提供了微弱的希望之光。

热带森林砍伐量预测

这是按地区划分的2010—2050年热带森林砍伐量预测［资料来源：世界自然基金会《2011年森林生命力报告》（Living Forest Report 2011）］。所有人类活动中，最不可逆的、最没有远见的行为就是持续的砍伐热带雨林并且导致独特的野生生物消失，其中就包括成千上万的独特的蛾类物种。

（百万英亩　非洲　拉丁美洲　亚太地区）

持续性的气候变化

气候变化也是一项威胁。但如果没有国际间政府部门的倡议，气候变化甚至会更难对付。2014年在巴西的一项关于灯蛾的研究估计，气候变化可能造成极大的破坏性，进而导致一些易受害物种灭绝。一项在哥斯达黎加长达50年的蛾类群落调查结果强有力地表明，即使在一些新创设保护区、森林覆盖度增加的地区，蛾类数量也在减少，尽管这种消退的具体原因尚未得知，但这些令人担忧的变化似乎和降水变化与极度高温有着强烈的相关性，而且似乎从2005年以来开始加剧。蛾类是否能存活取决于毛毛虫取食的寄主植物新鲜叶片的季节性出现，以及植物适时开花并供应花蜜，而气候变化会对这些造成极大的破坏。

Hypocrita reedia

宽带闪彩灯蛾

五彩斑斓的灯蛾

科	裳蛾科（Erebidae）
显著特征	色彩斑斓的翅膀，受到惊扰时会释放毒素
翅展	30 毫米
近似种	一些闪彩灯蛾属的物种，例如窄带闪彩灯蛾（*Hypocrita albimaculata*）、艾氏闪彩灯蛾（*Hypocrita arcaei*）和德氏闪彩灯蛾（*Hypocrita drucei*）

　　这种美丽、色彩斑斓的日行性灯蛾是哥斯达黎加最出名的，当它沿着森林边缘飞行或在林下停栖时很容易被误认为是蝴蝶，它的雌蛾常在植物间移动，测试评估适合产卵的位置。这种灯蛾和其他闪彩灯蛾属的蛾类，以及它们所属的环灯蛾亚科的所有蛾类在每个生命阶段都是有毒性的，因为它们的毛毛虫会从寄主植物中吸收生物碱。

防御对抗捕食者

　　宽带闪彩灯蛾的成虫如果被鸟捕捉到，便会大量产生一种用于防御的泡沫状分泌物，鸟通常会放弃捕捉这只蛾并且会避开这个物种，哪怕这种蛾会故意飞得很慢并且习惯性停栖在叶片顶端。这种蛾具有鲜明、闪耀的颜色，翅膀上还有额外的红色斑点和白色条带，这些色彩对先前吃过苦头的捕食者有提醒作用。这种蛾释放出来的生物碱气味难闻、味道难吃，如果摄入了还会导致呕吐或生病。闪彩灯蛾属的毛毛虫具有警戒色，并且同时利用化学防御与刺激性的长毛来对抗捕食者。

蛾与蝶的模仿者

　　其他蛾类和某些蝴蝶（既有毒又美味）会模仿闪彩灯蛾属物种的艳丽色彩和翅纹，以防御、对抗天敌。整个新热带地区有将近 40 种华丽的闪彩灯蛾属物种，其中有几种蛾类的翅纹与宽带闪彩灯蛾非常相似。

　　➤➤　白天，哥斯达黎加的宽带闪彩灯蛾从容不迫地停在一片叶子上，十分引人注目。鲜艳的色彩是带有毒性的讯号，可以保护它免受捕食者伤害

Erebus ephesperis
魔目裳蛾
精致优雅的翅纹所有者

科	裳蛾科（Erebidae）
显著特征	不对称的翅纹
翅展	96 毫米
近似种	其他分布于亚洲东部地区的目夜蛾属蛾类，例如羊目裳蛾（*Erebus caprimulgus*）

从中国、日本、韩国到东帝汶和新几内亚岛，魔目裳蛾都有分布。魔目裳蛾精致优雅的翅膀上有着大眼斑，但是由浅褐色至暗褐色过渡的阴影及整体色调，使它在雨林边缘或小径上等低地栖息环境中显得不起眼。魔目裳蛾的雄蛾和雌蛾长得非常相似。就像裳蛾亚科的许多其他蛾类一样，魔目裳蛾成虫也会在果园和热带森林中取食多汁的成熟水果，以及倒下或受伤的树木的汁液。

像蛇的毛毛虫

这种神秘的、橙褐色的魔目裳蛾毛毛虫有着独特的眼斑，它们取食菝葜属（*Smilax*）植物的叶片，一些其他的目夜蛾属（*Erebus*）物种也是。当受到干扰时，它会将前方体节向内卷起，展示两个显眼的黑色圆形区块——这是一种防御姿势，可能是在模拟一种蛇的头部，目的在于恐吓捕食者。这种毛毛虫会在一个非常松散的茧内化蛹，它们会把附近的叶片碎屑与茧混合一起，然后在两到三周后羽化。

众多之一

目夜蛾属包含 30 多种蛾类，其中有一些令人印象深刻的蛾类。例如，分布在非洲和亚洲亚热带的巨目裳蛾（*Erebus macrops*）翅展可以达到 120 毫米；而在中南美洲，裳蛾亚科（Erebinae）约包含了 10 000 种蛾类，其中包括蛾类世界中真正的巨人，被称为白女巫蛾的强喙裳蛾，它的翅展将近 300 毫米，或许是全世界所有蛾中最大的。

蛇的模仿者

受到威胁时，魔目裳蛾的毛毛虫会摆出模仿蛇的防御性姿势来吓退捕食者。

正在爬行中

防御的姿势，模拟蛇的头部

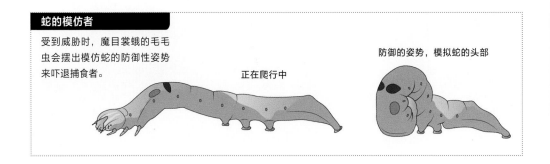

在中国云南，一只美丽的魔目裳蛾停
栖在地面上，它紧贴着枯叶和地面，
完美地将自己伪装了起来

Trabala pallida
赤黄枯叶蛾
艳丽的黄色与绿色

科	枯叶蛾科（Lasiocampidae）
显著特征	外形像叶子，雄蛾呈亮绿色，雌蛾呈黄色
翅展	35 ~ 72 毫米
近似种	其他黄枯叶蛾属蛾类

　　赤黄枯叶蛾是 18 种黄枯叶蛾属（*Trabala*）蛾类中的一种，是一种美丽的大型蛾类。它分布在亚洲南部地区。其雄性成虫是绿色的，雌性成虫体型比较大，呈黄色且颜色更为炫丽。其亚种山地赤黄枯叶蛾（山地亚种）（*Trabala pallida montana*）就如它的名字所示，主要生活在海拔较高的地区。在非洲大陆上靠近赤道的地区至少生活着五种黄枯叶蛾属蛾类，如果单靠翅纹去辨识它们通常非常困难。自 20 世纪中期起，研究人员进行了越来越多关于它们内部解剖构造的研究。目前已知的黄枯叶蛾属蛾类数目已经大幅增加。

保护性的刚毛

　　黄枯叶蛾属蛾类的雌蛾成簇产卵，卵的形状因种类而异，并且雌蛾会用腹部的毛簇覆盖卵块，有时候这样的方式会让整个卵块看起来像一只有很多毛簇的毛毛虫。赤黄枯叶蛾的幼虫呈黄褐色，身上有明显的白色或黄色的背线，并且有

成对的像眼睛的瘤突。它头部后方有向外分叉伸出的长毛，身体侧面有毛簇抽出。这些长刚毛具有防御性，能让逮住它们的脊椎动物捕食者的喉咙疼痛，使得捕食者不得不放弃捕食。

广食性的幼虫

　　和许多枯叶蛾一样，黄枯叶蛾属的毛毛虫具有高度的广食性，它们取食多种植物，包括南洋紫薇（*Lagerstroemia siamica*）、野牡丹（*Melastoma* spp.）、石榴（*Punica granatum*）、番石榴（*Psidium guajava*）和榄仁（*Terminalia catappa*）。年轻的幼虫零散地聚在一起取食，通常会将寄主树种的叶片取食殆尽，只有在接近成熟时它们才会分散开来。成熟之后，它们会在一个紧密的、褐色的双驼峰状茧里化蛹，并用丝将茧粘附在寄主植物的枝条上。

防御性的毛

下图展示了一只成熟的赤黄枯叶蛾毛毛虫头部与胸部的长刚毛。

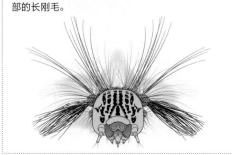

中国云南，一只酷似绿叶的雄性赤黄
枯叶蛾停栖在树枝上

Barsine orientalis
东方巴苔蛾
有着神秘东方色彩的"步兵"

科	裳蛾科（Erebidae）
显著特征	前翅有明显的红黑斑纹
翅展	32 ~ 45 毫米
近似种	巴苔蛾属的其他蛾类

　　色彩神秘、别具一格的东方巴苔蛾主要在东南亚出没，它是 65 种巴苔蛾属（*Barsine*）蛾类中的一种。这个属的物种前翅大多有着橙红色和黑色的斑点和条纹，它们都是苔蛾族（Lithosiini）的成员，整个族包括 2700 多个物种。因为它们停栖时的姿态像极了步行作战的士兵，所以全群被用 footmen 来称呼，中文意思是步兵。它们停栖时前端抬起，狭长的翅膀对齐，仿佛立正站好一样，相似的翅纹使得巴苔蛾属的物种难以鉴定，光是柬埔寨就有 12 种已知的巴苔蛾属蛾类。2020 年，研究人员在印度又发现并描述了新种。

以地衣为食

　　苔蛾族蛾类的英文名为"lichen moths"，意即"地衣蛾"，因为它们的毛毛虫以地衣为食。地衣是一种共生的生物群，包含了真菌、藻类和蓝细菌，几乎可以在任何地方生长。对这些蛾类来说，地衣是一种很难消化处理的食物，但是摄入地衣的防御化合物可以为它们提供化学性保护，正因如此它们常常有着鲜艳的警戒色。地衣的特殊化学物质也让这些蛾发展出独特的信息素。

其他著名的苔蛾

　　北美洲的岩彩苔蛾（*Hypoprepia fucosa*）和大不列颠岛的斑点露苔蛾（*Setina irrorella*）是比较有名的苔蛾族蛾类，但其他地区也还有非常多种苔蛾，特别是在热带地区。它们常常模仿其他物种，有时候会模仿鳞翅目以外的物种：拟萤彩苔蛾（*Hypoprepia lampyroides*）曾于 2018 年在美国亚利桑那州被描述记载，它会模拟一种有毒的萤火虫。从非洲到大洋洲均有分布的雪苔蛾属（*Cyana*）蛾类毛毛虫化蛹时会从表皮排出长毛，结成一个特殊的笼状茧。

苔蛾的茧

雪苔蛾（*Cyana* spp.）的蛹在一个笼状茧里面。

东方巴苔蛾展现了这个来自热带的规模庞大的属所具有的典型色彩，整个东南亚都曾发现过它的踪迹

Titulcia meterythra
褐赭斑表瘤蛾
闪闪发光的翅膀

科	瘤蛾科（Nolidae）
显著特征	前翅有黄色和红褐色色块，还有小型银色块状纹路，停栖时形成一个近似等边三角形的形状
翅展	19 毫米
近似种	其他斑表瘤蛾属（*Titulcia*）蛾类；爱丽夜蛾属（*Ariolica* spp.）蛾类（虽然底色和银色翅纹不同）

　　这是一种漂亮的小型蛾类，它的翅膀上不仅有红色与黄色的色块，还有闪耀的银色斑块，褐赭斑表瘤蛾是 6 种斑表瘤蛾属（*Titulcia*）蛾类的其中一种。表夜蛾都分布在东南亚地区，并且在 19 世纪末 20 世纪初首次被描述。目前已知褐赭斑表瘤蛾从中国南部到马来西亚再到加里曼丹岛和苏门答腊岛都有分布。

讯息传递策略

　　此物种的成虫不进食，因为它们缺乏功能性的喙。它们的腹部上具有能发出声音的鼓膜，用于在求偶或进行防御时发出讯号。雄蛾腹部内有毛笔器（信息素讯息传递构造），在求偶期间会伸出并释放信息素。褐赭斑表瘤蛾的翅膀闪闪发光，根据近年的扫描电子显微镜研究，和蝴蝶的案例一样，褐赭斑表瘤蛾每个鳞片鳞脊之间的空隙都已经被填满并且铺平，这使得它们的翅膀能反射光线。

奇异的幼虫

　　瘤蛾科的幼虫有相当大的多样性，有些体表多刺，例如瘤蛾属（*Nola*）蛾类；有些长得像夜蛾幼虫，例如饰瘤蛾属（*Pseudoips*）蛾类。闪亮的表夜蛾毛毛虫，就像是丽夜蛾亚科（Chloephorinae）其他成员一样，有着膨胀的球状胸部，聚在一起的一群幼虫看起来就像是一堆浆果，它们可能是通过模拟鸟类会避开的有毒果实来保护自己，当受到惊扰时，毛毛虫会用丝线从叶片上垂下来，或是将自己膨胀鼓起并且呕吐出液体，以此来威慑捕食者，幼虫在开阔的叶上表面结银白色的茧并化蛹，茧的形状就像是一艘上下翻转的船。

模仿浆果

瘤蛾科褐赭斑表瘤蛾的幼虫有独特的胸部膨大区域，这一结构被认为是模仿有毒的浆果。受到惊扰时它们会吐出液体（可能是有害的），然后利用丝线从植物上垂下来。

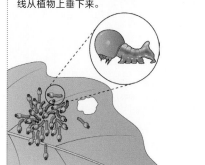

这是停栖时的东南亚瘤蛾褐赭斑表瘤蛾，它那色彩丰富的前翅之下隐藏着褐色的后翅

Urania fulgens
绿燕蛾
美丽而又神秘的游牧者

科	燕蛾科（Uraniidae）
显著特征	不对称的翅纹
翅展	70 ~ 85 毫米
近似种	最近似的燕蛾属物种是绿带燕蛾

日行性的绿燕蛾常常会被误认为凤蝶，它是燕蛾科中的一员。燕蛾科约有 700 多个物种，几乎全部生活在热带，同时包含了夜行性蛾类和有着鲜艳颜色的日行性蛾类。虽然从玻利维亚起一直延伸到美国南部的广大地区，都有绿燕蛾分布，但它仅会在有寄主植物脐戟属（*Omphalea*）植物生长的雨林区域繁殖，从韦拉克鲁斯州、墨西哥州一直到南美洲的北部地区。

有毒的寄主

雌蛾只将卵产在脐戟属植物上，这种植物含有有毒的生物碱，对于取食它的幼虫以及蛾类所有的生命阶段，都能够提供化学性防御。毛毛虫成熟后会将两片叶子扎紧靠近自己，并且在这庇护巢中化蛹。

成虫也用隐蔽色来保护自己。成虫的身体大部分是黑色，并且前翅有闪光绿的线纹和条带，具有白尾突的后翅上有较小的绿色短带。这样的色彩有助于在停栖时伪装自己，并且也向鸟类捕食者示意它们的毒性。它们有时访花取蜜，有时也会成群在地面上收集盐分或其他营养物质。雄性成虫据估计可以存活 28 天，而雌性成虫大约可以存活 34 天。

寻找食物的游牧者

每 4 到 8 年，整个绿燕蛾种群（有时候有好几十万只）会长距离飞行寻找新鲜的寄主植物，速度可以达到 21.6 千米／小时，能飞越大片的水域，例如墨西哥湾（Gulf of Mexico）。当绿燕蛾幼虫吃光了一个地区中的脐戟属植物，或是脐戟属植物因受到大量绿燕蛾的取食攻击后出现了化学物质毒性程度增加等反应，导致幼虫无法继续进食时，迁徙行为就会发生。

➤➤ 哥斯达黎加的绿燕蛾展露出闪烁着绿色光泽的翅纹，这种光泽是在特定的波长下因光线的反射而产生的

Argema mittrei

马达加斯加月亮蛾

长尾突与引人注目的眼斑

科	大蚕蛾科（Saturniidae）
显著特征	有长尾突，特别是雄性
翅展	80～120毫米
近似种	非洲东部到南部的非洲月亮蛾（*Argema mimosa*）

　　马达加斯加月亮蛾是马达加斯加残存的雨林中的原生物种，因后翅延伸的长尾突优雅而美丽，相当引人注目。雌蛾和雄蛾都是鲜黄色，翅纹包括红色的装饰性纹样和引人注目的眼斑，这一特征也体现在了它的属名中，阿尔大蚕蛾属（*Argema*）的希腊文意思是"speckled eye"，即"有斑点的眼"。马达加斯加月亮蛾的翅纹和形状在遭遇攻击时有防御作用，眼斑可以惊吓捕食者，而旋转的尾突在夜间可以迷惑蝙蝠，使其瞄准这个部位攻击而非身体上其他更容易受伤的部分。

性二态性

　　算上尾突的话，雄蛾大约有20厘米长。尾突是后翅红色的延伸部分，其末端变宽且呈黄色，大型的羽状触角使雄蛾能侦测到雌蛾的信息素。和许多蛾类一样，雌蛾的后翅较短，体型较大、较重，也比较少活动。当雌蛾从蛹中羽化出来，它们腹内已经有满满的发育完全但尚未受精的卵。每一只雌蛾可以产下150多颗卵，就像其他的大蚕蛾一样，这些蛾在成虫期不会觅食，而且寿命不超过一周。

商业性繁殖

　　马达加斯加月亮蛾的亮绿色幼虫以马达加斯加本土的盐肤梅（*Weinmannia eriocampa*）、柱根茶（*Uapaca* spp.）以及引进的桉树为食。经历4个龄期的发育后它便开始纺制丝茧。茧上充满微小的孔洞，可以让水排出，这确保蛹在长达五六个月的蛹期当中能够在大雨中存活下来。马达加斯加月亮蛾是少数能够进行商业繁殖的蛾类，能为马达加斯加当地人民提供可持续性收入。在促进岛上昆虫保护的同时，马达加斯加月亮蛾的茧被运输到世界各地，羽化出来的成蛾也会出现在昆虫展览中。

气囊

马达加斯加月亮蛾的茧上有能让水排出的微小孔洞，这可以防止蛹在大雨的时候被淹死。茧闪亮的表面会将许多照进来的阳光反射回去，这是一种高效率的冷却降温法，类似的方法已经被研究人员用在凉感衣技术中。

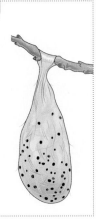

马达加斯加月亮蛾是马达加斯加特有种，其后翅具有长尾突，这一构造可以令蝙蝠的攻击产生偏离

Rothschildia erycina

罗氏大蚕蛾

色彩丰富，翅纹精细复杂

科	大蚕蛾科（Saturniidae）
显著特征	大型蛾类，翅膀上有透明膜状"窗格"，雄性翅尖向外延伸
翅展	90 ~ 120 毫米
近似种	其他 28 种罗大蚕蛾属（*Rothschildia*）的蛾类

在众多色彩丰富、翅纹精细的大蚕蛾当中，罗氏大蚕蛾（又有好几个亚种）从墨西哥南部到巴西都有广泛分布。它一年可以产生好几个世代，这些蛾类在成虫时期不取食，而且寿命只有 7 ~ 14 天。雌蛾的体型相当大且大过雄蛾许多，每只可以产下 100 多颗卵。雌蛾的前翅先端也比较圆钝。

警戒色的毛毛虫

年轻幼虫具有黄色和绿色的条纹，它们一开始聚在一起生活，在后面的龄期便转为单独生活，此时它们的颜色也有所变化，包括出现了黑色粗条带及亮橘色的斑点和小毛簇。罗氏大蚕蛾的毛毛虫是广食性的，但显然都吃有毒植物，例如臭椿属（*Ailanthus*）植物、茜草科（Rubiaceae）巴西鸡纳属（*Coutarea*）植物、王子木属（*Exostema*）植物以及马钱科（Loganiaceae）叠苞花属（*Antonia*）植物等，它们可以从这些植物中获取巧妙的化学保护，尽管还没有直接的证据能证明它们的毒性，但幼虫受到惊扰时会吐出一种能让捕食者感到不适的物质。幼虫成熟之后会吐丝纺织卵形的茧，并且会用丝将茧悬挂在树枝上。

罗氏大蚕蛾的蚕丝

历史上，美国亚利桑那州的传统居民会使用王大蚕蛾属蛾类的茧去制作有文化象征意义的器具，例如某些乐器。自前哥伦布时期以来，阿根廷西北部偏远地区的人们会收集罗大蚕蛾属蛾类的茧用于取丝，如今当地鼓励人们在蛾羽化后再取走茧，从而形成了一种可持续的地方性产业。

一只雄性罗氏大蚕蛾

MOTHS OF GRASSLANDS & MEADOWS
草地与草甸的蛾类

多样的草地生态系统

　　草地是地球上面积最大的生态系统之一，它覆盖了地球上近四成适宜居住的土地，这些地区包括了塞拉多稀树草原、北美大草原、欧亚草原、非洲撒哈拉以南和澳大利亚北部的热带稀树草原，以及世界各地的高山森林线与雪线之间的区域。也许草地看起来不像雨林那样拥有多样化的植物与蛾类，但是保育生物学家发现，有些草地地区有着异常丰富且多样性的栖息地，并且那里栖居着许多其他地方没有的蛾类物种。

一望无际的草地

　　草地有着比邻近的森林更明显的日周期性及季节性温度波动。如同森林一样，草地也有优势的植物种类，但这些优势物种主要是各种各样的草本植物和灌木，它们作为寄主植物与蛾类之间形成了特殊的关联性。在过去的5000 ～ 7000 年里，当人类为了获取用于搭建住所及栽种食物的土地而砍伐树木，草地便随

ᐱ　上图展示了全世界主要的草地所在的位置，它们富饶而又多样，是众多蛾类的栖息地

ᐸᐸ　这是美国落基山脉的高山草甸。高山草甸是一些独特蛾类的家园

之开始扩张，在近几个世纪，随着人口数量的指数级增长，这个过程更是大大地加速了。当前，集约型、不可持续的农业不仅仅对全世界的森林，也对一些草地生物群落和本土野生动物物种造成了严重的威胁。

热带稀树草原

热带稀树草原位于荒漠与雨林之间，那里常年温暖，冬季温度为 20 ～ 25℃，夏季温度为 25 ～ 30℃，但却有着强季节性的降雨量，一个是闷热潮湿的雨季，另一个则是十分干燥、常常发生火灾的旱季。植物都已

经适应了这些极端气候。在旱季，草类植物常常更具优势，此时树木呈现落叶状态，一些树种发展出厚厚的树皮用于抵抗火灾，而其他像是猴狲木属的猴面包树，在潮湿的季节便已经吸收了大量水分并贮存在树干中，依赖这些植物的蛾类同样发展出了各种各样的生存策略。

↖ 这是一只刚羽化的九斑鹿蛾，它是在欧洲广泛分布的一种蛾类，人们常常可以在草甸上发现它

↖ 这是一只雌性黑龙江蝠蛾，它的幼虫取食各种草本植物的根。它的英文名称为"Ghost Moth"，意即"幽灵蛾"，这是因为雄性成蛾在交配展示期会像幽灵般盘旋飞行

塞拉多的蛾类

巴西的塞拉多稀树草原是南美洲最大的热带稀树草原地区。这里是一些稀有野生动物的家园，例如鬃狼和美洲豹，还有至少 1000 种乔木和灌木物种，其中超过三分之一的植物种类在世界其他地方都没有生长分布。

丰富的物种

很多种禾本科（Poaceae）植物，包括须芒草属（*Andropogon*）和地毯草属（*Axonopus*），在塞拉多稀树草原的干燥地区和较潮湿地区有所区别。干燥地区常常以真穗草属（*Eustachys*）、骨架草属（*Gymnopogon*）、金梁草属（*Sorghastrum*）和钩褐草属（*Loudetiopsis*）禾草为特色物种；而大型的、可达 3 米高的黍属（*Panicum*）禾草，以及雀稗属（*Paspalum*）禾草则是潮湿地区的优势物种。热带稀树草原的蛾类范围同样也相当大。调查结果显示，塞拉多稀树草原里有 700 多种灯蛾（裳蛾科灯蛾亚科），其中局部地区分布的种类最多可高达 200 种，相较之下，整个美国的灯蛾也不过 300 多种。

多产的传粉者

蛾类在塞拉多稀树草原扮演着重要的生态角色。2004 年的一项详细的研究显示：蛾类会帮助一些在生态上和经济上均有重要性的植物传粉，这些植物的花朵构造专门适应蛾类传粉，包括其果实在当地被用来制作果酱的鼠石榴（*Alibertia edulis*）、重要的木材和建筑木料山地怀春木（*Roupala montana*），以及另外两种用作建筑木材的树木白坚木（*Aspidosperma*）和柿树（*Diospyros*）。

翡丁香属（*Ferdinandusa*）树种的鲜红色花朵是由天蛾授粉的，萌甲果（*Hancornia speciosa*）的花也是，它会结出甜的、黄红色

的果实，这种果实作为调味剂被用在果汁、冰激凌、果酱和红酒的制作中。这些树木和许多其他植物的花朵都靠天蛾传粉，它们有着狭窄的开口和细长的花冠，只有天蛾的喙能够伸入这样的花冠中。许多靠天蛾授粉的植物，例如木豆蔻属（Qualea）、木姜花属（Salvertia）和萼囊花科（Vochysiaceae）都只分布在塞拉多稀树草原的干燥地区。这些植物在生态上扮演着重要的角色，当栖息地被火灾摧毁后，它们是最先重新出现的物种。

不仅仅只有天蛾与塞拉多稀树草原独特

➘ 巴西塞拉多稀树草原刚经历了一场大火，林木植被正在重新生长，这里是位于米纳斯吉拉斯州（Minas Gerais state）卡皮托利乌（Capitólio）的一处小山丘上

➚ 塞拉多稀树草原是许多天蛾物种的家园，其中美洲甘薯天蛾（Agrius cingulate）是广泛分布于新热带地区的物种，其幼虫取食牵牛花和曼陀罗（Datura spp.），其成虫帮许多具有深花冠的花朵传粉

的植物之间有着密切的联系，生活在这里的400种大蚕蛾当中（种类几乎是美国的2倍之多），有160种只取食这些栖息地里的植物，考量到这两个科的多样性，研究人员估算塞拉多的蛾类物种数量可能有20 000种之多，而农业入侵正在日益影响着它们的栖息地。有估算指出：此处仅剩20%的土地尚未被开发，2020年火灾在这里造成的毁灭性伤害不亚于其对亚马逊雨林的影响。

保护生物多样性

　　20世纪中期之后，各种博物学考察经历了一段较长时间的消退，巴西目前已经有许多由训练良好、才华横溢的研究人员组成的研究团队，他们主导了详细的区域性研究，并且证实了蛾类相对于塞拉多生物群落的独特性与重要性。尽管研究和公共政策之间并未形成紧密联系以保护生物多样性，但得益于互联网，如今的资讯分享已经变得更加容易。保护的第一步是意识的觉醒，在巴西，良好的基础研究燃起了希望，一些区域的生物多样性得以在当前由农业发展造成的破坏中幸免于难。

　🡖　许多雨林的大蚕蛾科物种，例如喜波妲蜜亚大蚕蛾（*Rhescyntis hippodamia*），也在塞拉多稀树草原中出现，这得益于热带的树林植被会沿着穿越这个生物区系的河流生长

　🡔🡔　巨灰天蛾（*Pseudosphinx tetrio*）成虫的体色灰暗淡，但其毛毛虫体色却非常丰富。在巴西塞拉多稀树草原上，这种天蛾已经被观察到会帮油桃木（*Caryocar nuciferum*）传粉，油桃木的果实是巴西中西部一种非常受欢迎的食用水果

塞拉多的探索发现

1758 年，瑞典分类学家、植物学家、动物学家、医生卡尔·林奈在他的第十版《自然系统》（*Systema Naturae*）中正式描述了两种除了其他地区也在塞拉多分布的蛾类物种：华丽星灯蛾（如右所示）及拟态蜂类的卡珊德拉鹿蛾（*Saurita Cassandra*）。在 19 世纪及 20 世纪初，一些昆虫学家，例如纽约的威廉·绍斯（William Schaus），伦敦的弗朗西斯·沃克（Francis Walker）、乔·弗朗西斯·汉普森（George Francis Hampson）以及千帆阅尽的第二代罗斯柴尔德男爵（Baron Rothschild）沃尔特（Walter），描述了大多数塞拉多的蛾类，一些专职的采集者从南美洲运来标本作为昆虫学家们工作的基础，而这些采集者通常由一些协会或是像罗斯柴尔德这类人物资助。许多模式标本最终被存放在欧洲主要的博物馆里，例如汉普森的蛾类模式标本目录就存放在伦敦自然史博物馆，即使是在出版 100 多年后的今天，它仍然是蛾类鉴定识别时使用的主要指南之一。采集的蛾类中哪些会被选中优先发表常常不是随机的，较大型并且色彩比较艳丽的蛾类常常会先被描述，这也是为何我们会对某些蛾类类群了解的比其他类群多的原因之一。

非洲热带稀树草原

非洲热带稀树草原覆盖了 1300 万平方千米的土地，其丰富的草本植物与耐干旱的树种，如非洲柚木类和金合欢，供养着许多大型的食草动物，如斑马、大象、长颈鹿，还支撑起了惊人的蛾类多样性。

远离非洲

肯尼亚的热带稀树草原每年有两次雨季，分别在春季与秋季，全年降水量可达 1270 毫米，这里是猎豹、狮子及其他一些大型猫科动物的家园，也住着特殊的蛾类物种，比如前翅有惊人眼纹的大型的白带巨目夜蛾（*Cyligramma latona*），以及夹竹桃天蛾（*Daphnis nerii*），它的翅纹像绿色的大理石纹，具有伪装性，看起来就像抛光过的孔雀石一样。白带巨目夜蛾的毛毛虫取食金合欢树，而夹竹桃天蛾幼虫取食的夹竹桃目前已经成为广泛分布的观赏植物，寄主植物也正是这种天蛾中文名称的由来。这两种蛾类都会为了寻找寄主植物而长距离迁徙，夹竹桃天蛾甚至可以从非洲飞到乌克兰、印度北部和中国。

远古的关联性

某些古老的蛾类与植物的关联性可能是从非洲的热带稀树草原上发展出来的，例如猪屎豆属植物和灯蛾，灯蛾的幼虫会取食这

这是非洲热带稀树草原的日落。开阔的草原景观中广布着成簇的树木，蛾类幼虫以食草动物的身份构成食物网中的一个要素，它们同时也是鸟类的食物

类植物并且摄入有毒的生物碱，这能使蛾类在全部的发育阶段对抗捕食者，保护自己。从 2300 万至 3000 万年前开始至今，非洲大陆上已经演化出 400 多种猪屎豆属植物，它们目前主要生长在潮湿的草地上，常被用作覆土作物（非商业作物，用于在常规作物生产期内保护或改善土地）。研究人员相信这些取食猪屎豆属植物的灯蛾起源于非洲，后来才广泛分布到世界各地并且产生了很大的多样化。在非洲，这些物种当中的特色代表是猎豹散灯蛾（Argina amanda）和丽虎灯蛾（Amphicallia bellatrix）。而三色星灯蛾（Utetheisa pulchella）则取食也含有生物碱且广泛分布于非洲的其他草本植物，它在新大陆的近缘种华丽星灯蛾也以猪屎豆属植物为食。

与真菌的关系

在美丽的甜刺金合欢（Vachellia karroo）上，一些蛾类物种与真菌之间有着极为有趣的关联，这种树生长在南非，从西开普省到赞比亚和安哥拉都有分布。在被称为甜维尔德（sweet veld）的温带草地上，甜刺金合欢是一种指标性物种，而这类草地特别适合放牧。蛾类与蝶类也会帮助这种树的黄色丝球状花朵传粉，有 20 多种蛾类的毛毛虫会在树上形成的瘿（植物体肿胀或不正常生长的结构）里面挖隧道，这种瘿是由伞锈菌科伞锈菌属的一种锈菌（Ravenelia macowaniana）所造成的。瘿为毛毛虫提供了营养物、庇护所，可以保护毛毛虫免受拟寄生物和捕食者的侵害。类似的现象也出现在澳大利亚，所涉及的瘿是由广布种绿荆（Acacia decurrens）树上的帽孢锈菌科的一种锈菌（Uromycladium tepperianum）造成的，这种瘿是七种蛾类幼虫的庇护所，这些蛾属于卷蛾科、谷蛾科、细蛾科、螟蛾科和展足蛾科。

∧ 塞沃尔丽虎灯蛾（Amphicallia thelwalli）是一种灯蛾族的蛾类，它是这张莫桑比克邮票上的主要角色

« 三色星灯蛾是整个非洲和欧洲草地上常见的蛾类

121

季节性适应

　　非洲热带稀树草原南部的降水量比肯尼亚低，毗邻卡拉哈迪沙漠的草地在湿季的降水量只有100毫米。和其他地方一样，这里的蛾类生活史周期取决于降水，降水会让毛毛虫取食的植物重新生长。同样的，降水会使植物花朵短暂地绽放一段时间，进而蛾类成虫也会前来。即使是干旱时，某些蛾类物种似乎仍旧蓬勃发展。一项来自几个南非草地型公园的简短调查报告显示：有70种羽蛾（大约是美国和加拿大已经发现的羽蛾科物种数量的一半），其成虫体型微小，有着羽毛般的翅膀和浅棕色的色调，能融入干燥的草地植被，它们的幼虫以耐干旱的植物为食。研究人员推测，深入研究和调查这样的栖息地，将会发现同样丰富的其他小型蛾类。

毛毛虫美食佳肴

　　在热带稀树草原，即使是一个年降水量只有100毫米的区域，春季一样会出现大量的毛毛虫。大多数毛毛虫都是常见的种类，例如大型的香松豆大蚕蛾（*Gonimbrasia bellina*）。它们主要取食（但并非绝对）香松豆（*Colophospermum mopane*），这种树生长在非洲南部热带稀树草原的林地里。很多香松豆大蚕蛾都长不到成虫阶段，因为其幼虫对野生动物和人类而言是重要的蛋白质来源。这是一道深受欢迎的美味佳肴，在野外，这些毛毛虫被徒手采收、煮熟、盐渍，然后被

◀◀ 一只乳油木大蚕蛾的末龄毛毛虫。在非洲西部地区，这种幼虫会将乳油木的叶子全部啃光

↙ 在南非的草地上，美花金莲木是斯野螟幼虫的寄主植物

∨ 这是烤制的香松豆大蚕蛾幼虫（大蚕蛾科），它在南非是一种常见的主食

晒干或烟熏，有时候它也会被做成产业性罐头食品。

比较大型而且引人注目的蛾类当中，有一种蛾类在非洲热带稀树草原上非常普遍，即乳油木大蚕蛾（*Cirina forda*），其幼虫取食非洲丁香檀（*Burkea africana*）和牛油果（*Vitellaria paradoxa*），这种美丽的大蚕蛾在植物下方的土里化蛹。幼虫也像香松豆大蚕蛾一样，对野生动物和当地人来说是营养来源。干燥后的毛毛虫是尼日利亚西南部地区的一道主食，特别是对孩童的饮食结构很重要。它含有 50% 的蛋白质和 17% 的脂肪，还富含钙、铁、锌等矿物质。

更常见且对生态系统十分重要的热带稀树草原物种还有带斑黄毒蛾（*Knappetra fasciata*），这是一种毒蛾，它的幼虫长着有毒的毛，会在许多树种上群聚取食，常会吃光所有叶片。鸟类和其他野生动物比较偏好较可口的夜蛾总科毛毛虫，例如弧摩瘤蛾（*Maurilia arcuate*）和尼瘤蛾（*Neaxestis piperitella*），这两种蛾类取食榄仁树，其毛毛虫会将 4% 的干叶片生物量转换成脂肪和蛋白质，它们被捕食后营养物质又会传递给鸟类，继而转变成排泄物，这对生态系统中的植物和动物也很重要。色彩鲜艳的斯野螟（*Bostra pyroxantha*）幼虫则会将美花金莲木的叶片啃光，金莲木也因枝条脆弱而被称为"lekkerbreek"，在非洲语中意为"容易破坏"。

澳大利亚热带稀树草原

澳大利亚北部的热带稀树草原是一个面积超过 130 万平方千米的地区，它覆盖了西澳大利亚州、北领地、昆士兰州的北边地区，那里零星分布着不同种的桉树，它们有着极富特色的名字，例如宾波盒（bimble box）、库利巴（cuoolibah）、河红胶（red river gum）以及黑匣子（black box）。过度放牧已经严重改变了这些栖息地的自然状态，目前余留的蛾类族群与桉树、袋鼠草和其他仍在此生长的植物形成关联。

隔离演化

澳大利亚的许多野生动物都是当地特有的，这是因为长期以来这里与世界其他大陆分离开来，许多蛾类族群便依赖于 700 种桉树中的一种或多种。在一项包括了 300 个蛾类物种的简要的蛾类调查中，有 70% 的蛾类

取食桉树。对某些科来说，例如织蛾科，这一比例甚至更高，它们的毛毛虫不仅仅取食桉树的新鲜叶片，也会以掉落的干叶片为食。澳大利亚草地上著名的蛾类包括金太阳蛾（Synemon plana），目前是极危物种，它是24种澳大利亚日行性蛾类之一，这些蛾类的幼虫取食袋鼠茅属（Austrodanthonia）植物的根部。金太阳蛾的雌蛾会在寄主植物的基部产下大约200颗卵，三周之后，卵粒孵化，幼虫会在草根内钻洞并在里面取食发育。金太阳蛾雌性成虫羽化的时候体内便带有发育完善的卵，它会用亮橘色的翅膀吸引日行性配偶前来交配，不取食，寿命也很短暂。在这个严酷的栖息地，它们每年只有一个世代。

大蝠蛾和其他特有生物

在地底下包括在禾草的根里挖洞，对蝠蛾科这种原始的蛾类科群来说是常见的行为，澳大利亚的蝠蛾就是很好的代表。2017年的一项研究发现了澳大利亚蝠蛾科的15个新种和1个新属，一些澳大利亚现存最大的和最奇特的蛾类就是属于这个科，有些蛾类的翅展可以达到160毫米。其他在澳大利亚的草地发现的物种还包括大型、美丽的澳洲枯叶蛾，近期相关学者重新分类将它归入一个独立的科——澳蛾科。在这个大陆上有着70多种的澳蛾科物种，包括变纹澳洲蚕蛾（Anthela varia）这种分布在南方海岸地区的种类，其毛毛虫俗名为"hairy mary"，意为"多毛的玛丽"，它取食澳洲坚果、桉树、银桦（Grevillea）和火轮木（Stenocarpus sinuatus）。

山区与草甸的"草岛"

　　山地草地出现在世界各地的森林线以上和雪线以下，是由高海拔地区比较严苛的气候条件与较贫瘠的土壤所共同形成的，这样的草地常常比较干燥。有时候它们会受到山顶积雪和冰川融化所形成的河流滋养，进而转变成葱郁的高寒草甸。这些草地全都相当分散，学者认为会形成一些独特的蛾类群聚，但研究和探索刚刚起步。

安第斯山脉高地的蛾类

　　在哥伦比亚和厄瓜多尔的安第斯山脉森林线以上，海拔超过 3000 米，安第斯山脉

北部广阔的帕拉莫草原就位于此处。一万年以前，随着气候变暖，帕拉莫及其以下的树木逐渐向上迁移，并且独立成较小且互相隔

离的草原区域，其中孕育着稀有与濒危的野生动物，包括大量包括蛾类在内的昆虫。夜里的山地草地是寒冷的，因此许多蛾类转变成了日行性昆虫，许多小蛾类，例如卷蛾、巢蛾总科蛾类（Yponomeutoid）、螟蛾总科（Pyraloid）蛾类只在刚日落之后还没变得太冷之前活动，有些蛾类特别是夜蛾和尺蛾，即使温度在 8℃以下，仍然会在夜里活动。

在这样不寻常的栖息地中，新种和新亚种常常会演化出来，然而它不像处于低海拔地区的安第斯山热带森林那样，多样性可能集中在有大量生态位的弱小范围内，帕拉莫的物种多样性散布在绵延 7000 千米的安第斯山脉中，稀有的高地植物及与其相关的蛾类群落呈现出相互隔离的状态。最近一项关于潜叶性的微蛾科蛾类的调查显示还有大量未被描述的多样性。

◄◄ 此处位于安第斯山脉的支脉东科迪勒拉山脉，一群野生的小羊驼（骆驼的近亲）正在钦博拉索山附近的厄瓜多尔山地草地上吃草。一些特有的蛾类群集在这里生长发育，它们正在附近那些稀有的、独立散布的寄主植物上进食

↗ 这是在通古拉瓦火山附近拍摄到的一只东方刻大蚕蛾（Copaxa orientalis），此处位于厄瓜多尔的东科迪勒拉山脉，海拔超过4000米

住在乌龟穴道里的蛾类

在美国东南部森林边缘，或开阔多沙的高地松林栖息地里长满草的地区，穴龟会挖出又长又深的洞穴，这里也是其他生物的家园，包括三个科的蛾类在内会利用这些洞穴。蕈蛾科食角蕈蛾（Ceratophaga vicinella）的幼虫会取食死掉穴龟的壳，它们会用丝管将龟壳固定在土里并且在其中化蛹。2019 年在佛罗里达沙松灌丛栖息地的一项研究显示，在五个被检视的穴龟洞穴中，研究者看见小而雪白的穴栖毛蛾（Acrolophus pholeter）在其中三个洞中出现，穴栖毛蛾的幼虫花一年的时间在穴龟的粪便和腐烂的植物上成长发育。穴龟长须裳蛾（Idia gopheri）的幼虫也住在穴龟的洞穴里，这些毛毛虫很可能以生长在穴龟粪便和其他废弃物上面的真菌为食。

<< 行军切夜蛾成蛾会从北美洲西部炎热的平原迁徙到凉爽的山区，但在那里便有可能成为灰熊的猎物

↘ 从维多利亚州的布法罗山国家公园远眺澳大利亚山脉的景致，这里夏季最高温度平均约为23°C

草地的迁徙者

与南美洲帕拉莫草原相似的生物多样性模式在世界各地的其他高山山脉上也有发现，例如亚洲的喜马拉雅山脉和帕米尔高原，或是欧洲的阿尔卑斯山脉和比利牛斯山脉，每一个地方都有自己特有的蛾类群落。在这些栖息地中，一些独特的蛾类行为已经被描述了，其中之一即迁徙行为。

行军切夜蛾（*Euxoa auxiliaris*）的幼虫会在草原上啃食禾草和其他草本植物（包括农作物）。在春季及初夏时期完成全部发育阶段之后，成蛾会从干热的北美大草原开始迁徙，最终到达落基山脉的高山草甸。它们在那里吸饮花蜜，就像迁飞的帝王斑蝶那样累积脂肪以备冬眠。一旦存储了足够的能量，它们便持续往上飞到落基山脉高原寻找适合夏眠（用休眠的方式躲避夏季炎热）的地点，这些栖息地包括美国西部黄石国家公园的高山苔原，即使在炎炎夏日那里依然十分凉爽。在那里，这些蛾类会被灰熊捕食，灰熊在夏季非常依赖这个食物来源，它会追随这种蛾类从森林往更高的地方迁徙，然后在石头下翻找并吃掉数以万计的蛾类。存活下来的蛾类会在秋天准备繁殖的时候再次迁飞回平原上。

长距离迁徙

澳洲布冈夜蛾（*Agrotis infusa*）是非常有

名的蛾类，它们为了躲避季节性高温能长距离迁徙近 1000 千米。就像行军切夜蛾一样，它们的幼虫也在春季广泛分布并且危害农作物，不同的是行军切夜蛾偏好禾草类，而夜蛾偏好海角草、卷心菜、豌豆、土豆。成虫时期它们会结成数百万只的大群，飞到维多利亚州东部及新南威尔士州东南部的澳大利亚山脉，在那里的高海拔地区夏眠，并且以密度将近每平方米 17000 只蛾的社会性群聚来躲避阳光。

食用蛾类

　　人类学证据证实，澳大利亚传统民族吃澳洲布冈夜蛾的成虫已有至少两千年的历史，人们会前往澳大利亚山脉捕捉并食用这些飞蛾，而且还会用季节性的节日和部落间的集会来庆祝蛾类夏眠。这种蛾会被制成糕点，据说它会呈现出一种坚果的味道。然而，目前吃澳洲布冈夜蛾会伴随着健康警讯：在这些蛾类觅食的放牧区和棉花生长区，之前的农业生产过程中曾使用了含有砷的杀虫剂，这些昆虫在摄入农作物的同时，体内也留存了微量的危险化学物质。

　　ᚄ　澳洲布岗夜蛾季节性迁徙到澳大利亚山脉，数以万计的蛾类会聚集在一起，在较凉爽的洞穴和岩石下方进行夏眠

草甸的蛾类

　　如果白天在草甸上漫步，你会发现那里不仅有蝴蝶，也常能见到飞蛾翩翩起舞。有些飞蛾在早春、高海拔地区，或寒冷气候下活动时为了避免夜间低温，会选择在白天活动。蛾类白天活动这件事有着各种各样可能的原因，许多有着日行性生活模式的蛾类，能像蝴蝶一样利用白天绽放的花朵，往往其自身对捕食者来说是有毒的；还有些蛾类在白天和夜里都会活动，或者可以称它们为"浅睡者"，它们总是准备着一旦受到惊扰就飞走。草甸的蛾类还可能有着具隐蔽性的或是缤纷鲜艳的体色，这都取决于它们的生物学特性。

并非都是闪闪发光

　　金属光泽在鳞翅目昆虫的身体上很少见，它是由结构性产生的，发生在纳米层级上，相较于那些普通的没有金属光泽的鳞片，这些鳞片的沟槽更平滑，因此变得更具有反射性。栖息在开阔草地上的著名蛾类包括金翅夜蛾亚科的飞蛾，例如丫纹夜蛾（*Autographa gamma*），它们的常见特征是前翅有银白色和金黄色的金属斑纹。这些蛾类会从欧洲南部（它们的繁殖地）迁徙到欧洲北部和不列颠群岛，有时迁徙种群数量相当大，每年会有三代飞蛾一波接一波地陆续抵达。丫纹夜蛾的幼虫取食很多种草本植物，车轴草、荨麻、豌豆及包括卷心菜在内的多种十字花科植物都是它的食物。它们在美国是一种外来入侵物种，但是它们在原生地的生态系统中扮演着重要的角

色，白天黑夜飞来飞去，帮各种各样的花朵传粉。全世界至少有40种不同的丫纹夜蛾属（*Autographa*）蛾类，许多金翅夜蛾族相关的属之间有着相似的生物学特性和外观，它们的毛毛虫被称为拟尺蠖，因为它们走路的样子很像尺蛾科尺蠖典型的丈量土地的步态。

金翅夜蛾族主要包括（*Diachrysia chrysitis*）和它的近亲，它们的前翅上有引人注目的绿色金属光泽，这种美丽的色彩有时候几乎覆盖整个翅膀，吸引了很多蛾类观赏者与摄影师的关注。黄金弧夜蛾的分布范围横跨整个欧洲，它们也偏好开阔的地区。其幼虫取食草本植物，例如荨麻、蓟和牛至。在英国，它的分布与物候学上的飞行时间就像其他蝴蝶和蛾类一样，正受到当今气候变化的影响。

◄◄　丫纹夜蛾几乎广泛分布于整个欧洲、亚洲北部和北非，其幼虫能取食200多种草本植物，其中包括一些豆科和十字花科的植物

◄　小豆长喙天蛾正从马鞭草的花中吸饮花蜜

◄　在德国的某片草甸上，一只黄金弧夜蛾停栖在树枝上，它的色彩能让它很好地伪装起来

有毒但美丽的彩色蛾类

　　一些色彩鲜艳的日行性草原蛾类不需要快速飞行或是伪装自己，因为它们鲜明的红色与黄色提醒着捕食者它们体内含有有毒的化学物质，因而具有较好的防御性。举例来说，斑蛾属（*Zygaena*）毛毛虫会从百脉根（*Lotus corniculatus*）之类的寄主植物中获取氰化物并留存在体内，这些蛾类是欧亚和北非温带地区草原的常见种，这些草原栖息地常常点状分布在比利牛斯山脉或阿尔卑斯山脉的高山栖息地中。它们中的许多，例如山斑蛾（*Zygaena exulans*）只会在高海拔地区出现，

并且在沼泽地比较常见。其他像是六点斑蛾（*Zygaena filipendulae*）则能够适应比较大范围的海拔跨度，这表明它具有显著的适应能力。所有的斑蛾属物种都会在花上休息，非常容易捕获，因此这些色彩鲜艳的蛾类在几个世纪以来一直受到蝶类采集者的青睐。在非洲也有与斑蛾相似的蛾类，但它们却有着特殊的属名，如蓝墨小斑蛾属和红裙星斑蛾属。

　　另一个色彩鲜艳、有毒的拟蜂蛾类群属于裳蛾科鹿蛾属（*Amata*），其中包括150多个物种，它们在世界各地的草原栖息地都有分布。爱丽丝鹿蛾（*Amata alicia*）出现在

🡖 六点斑蛾毛毛虫啃食百脉根，其幼虫（以及之后的成虫）能从植物那里获得化学性保护

🡙 在瑞士西南部的巴涅河谷，一只山斑蛾正在吸食花蜜

🡗 这是九斑鹿蛾（灯蛾科）的成熟毛毛虫

撒哈拉以南的非洲稀树草原栖息地，其幼虫（因为体表多毛而被称为 woolly bear，意即绒毛熊）取食多种植物，例如鬼针草属植物。鹿蛾属蛾类幼虫，例如欧洲的九斑鹿蛾，能取食酢浆草、蒲公英等各种各样的草本植物，而澳大利亚的赫氏鹿蛾（*Amata huebneri*）幼虫喜欢吃亚洲水稻的叶片。虽然九斑鹿蛾幼虫的寄主植物不含有毒的生物碱，但这种蛾仍然能制造一种类组胺（histamine-like）来形成化学防御，这种蛾类的雄蛾和它的大多数近亲一样，前足上有可以帮它们在生殖阶段散发信息素的发香器。

伪装和拟态

在白天的草甸上，无论是在休息还是在访花取蜜，当受到惊扰之后，浅色和深褐的尺蛾与夜蛾都会飞离几米远再落下，随后消失在视野中。它们降落在草地上的那一刻，便凭借着体色与翅纹完美地与干草秆和叶片密布的背景融为一体，躲藏起来。

有120多种尖角夜蛾属（Schinia）蛾类几乎都在北美大草原和草甸里生活，由于伪装得很好，因此不需要飞走躲起来。即使它们在白天也很活跃，多数人也很难发现它们。兴夜蛾会长时间停栖在花朵上，因此它们被亲切地称呼为"flower moths"，意即"花蛾"。它们的色彩常常跟它们造访的花朵非常相似，甚至翅纹也会模拟花瓣形状所造成的阴影。

振翅悬停的天蛾

天蛾会帮草甸上的花朵传粉，无论是在白天或是在夜里。欧洲和北美洲的日行性天蛾，包括黑边天蛾属（Hemaris）蛾类，能从各式各样的花朵里取蜜，包括马缨丹、五星花、筋骨草和缬草。小豆长喙天蛾则造访缬草、忍冬和素馨和其他许多花朵。在冬季，

🦋 樱草尖角夜蛾（*Schinia florida*）在月见草的花朵上觅食与休息，这种植物也是樱草尖角夜蛾幼虫的寄主植物

🦋 咖啡透翅天蛾（*Cephonodes hylas*）是在亚洲、欧洲和非洲较温暖地区广泛分布的物种，图中的它正振翅悬停在大波斯菊上方吸食花蜜

➤➤ 褐缘黑边天蛾（*Hemaris fuciformis*）在瑞士的一处草地上停着休息

小豆长喙天蛾会出现在欧洲南部，它们向南一直分布到非洲北海岸、印度、东南亚；在夏季，适宜小豆长喙天蛾生活的地理范围则可以一直延伸到欧洲北部。与之相似的另一个物种非洲长喙天蛾（*Macroglossum trochilus*）则发现于南非。长喙天蛾属的毛毛虫取食草本植物，例如拉拉藤（*Galium* spp.）和野茜草（*Rubia peregrina*）。这些蛾类和其他小型的日行性天蛾可能拟态熊蜂。据推测，由于它们的飞行形态比较像蜂鸟，因此可以避免被鸟类吃掉。它们振翅悬停在花朵上方，几乎从未被观察到降落在花上，这种高能量的飞行模式使得这种蛾类可以迅速移动，并且无论外在的气温为多少，它们都能保持相对恒定的高体温。就像蜂鸟一样，许多在草原、草甸和荒漠见到的天蛾也有迁徙性，它们在不同的季节会在不同的栖息地繁殖。

一系列的温带草地

在温带草地，虽然有一些广食性的物种是从临近的森林迁来的，但也有一些专一性的物种只会在这些地区出现。这些专一性的物种只取食特定的植物，而在这广大的草地区域内，这些植物零星地生长在特殊的土壤上。

⋏ 这片草原从黑海的北海岸一直向东延伸到里海的北部地区，有时候它被称为里海草原

保育研究

欧洲的草地曾经遭遇过几乎完全被破坏的威胁，而如今它重新受到了保育生物学家的关注。举例来说，欧盟2030生物多样性战略（The European Union's Biodiversity Strategy for 2030）的目标是要在2030年复育其他栖息地之中的大片草地。在北美洲，保育生物学家正在研究草地的蛾类动物区系，这片栖息地上曾经有上百万只野牛漫游与保卫着草地，如今一些草地的复育计划正在进行中。科学家同样正在检视欧洲南部广阔的草地与热带稀树草原栖息地，但是很少有针对潘帕斯草原或是广阔的蒙古草原的调查，这些地区的蛾类资料都分散在一些鲜为人知的分类学专论中。

欧亚草原

在欧亚大陆，草原上覆盖着丛生的禾草，零星生长着野生郁金香、鸢尾和鼠尾草，从东欧大草原（将近100万平方千米的区域）向北延伸到东欧森林草原。这片土地上长着

禾草和灌木，例如豆科锦鸡儿属（*Caragana*）植物和李属（*Prunus*）的欧洲甜樱桃。在继续往东的蒙古高原—大兴安岭草原（Mongolian-Manchurian steppe）上，除了其他种类之外，针茅属（*Stipa*）与羊茅属（*Festuca*）禾草，还有蒿属植物（*Artemisia*）占据着优势生态位。这片广阔栖息地上的草本和灌木支撑着一些美丽的蛾类物种，例如桦斑翅枯叶蛾（*Eriogaster lanestris*）和蔷薇目大蚕蛾（*Saturnia pavonia*）。大量的绢蛾科蛾类在过去 20 年已经被描述过了，但还有很多这个科和其他科的蛾类尚未被研究与鉴定。

北美大草原的蛾类

在北美洲，草原覆盖了约 363 万平方千米的土地，那里每年的降水量大约为 300 ~ 500 毫米。最初，草原从加拿大沿着落基山脉向南延伸到美国的印第安纳州和得克萨斯州，但目前却在农业压力之下大幅萎缩。最常见、最普遍的草原物种是活动周期长的小蛾类，它们一年有好几个世代，幼虫倾向于取食豆科植物。有些物种是草原独有的，依赖着草原才有的资源，其中包括卷蛾科花小卷蛾属（*Eucosma*）蛾类，它在北美洲至少有 150 种，其幼虫取食蒿属植物和条裂松香草（*Silphium laciniatum*）之类的草本植物。

物种多样性很高的夜蛾科蛀茎夜蛾属（*Papaipema*）蛾类幼虫会钻入各种各样的植物的根与茎，这一行为也成了它们俗名的由来，例如麒麟菊蛀茎夜蛾（*Papaipema beeriana*）的名字就是取自它们攻击的植物，这种蛾类只会出现在未受干扰的草原栖息地里的寄主植物附近。研究人员在北美洲的草原和其他草生栖息地总共发现了 47 种蛀茎夜蛾属蛾类。例如，坚硬向日葵蛀茎夜蛾（*Papaipema rigida*）会取食多种花卉，如坚硬向日葵、赛菊芋、金防风；而赝靛蛀茎夜蛾（*Papaipema baptisiae*）的幼虫则常出现在赝靛和罗布麻的茎中。

↖ 在美国米德韦斯特，草原上的牧草随风飘荡，这片大草原以炎热的夏季和酷寒的冬季为特征

↑ 铁鸠菊蛀茎夜蛾（*Papaipema cerussata*）是一种广泛分布于北美洲东部的蛾类，它的名字体现出了它最喜爱的寄主植物，即纽约铁鸠菊（*Vernonia noveboracensis*）

夹竹桃天蛾
Daphnis nerii

外形像战斗机

科	天蛾科（Sphingidae）
显著特征	喙很长，外形像战斗机，有伪装色彩
翅展	90 ~ 110 毫米
近似种	其他白腰天蛾属（*Daphnis*）蛾类，例如从印度到澳大利亚均有分布的茜草白腰天蛾（*Daphnis hypothous*）

美丽的夹竹桃天蛾飞行速度很快，但也能像蜂鸟一样在花朵上方盘旋，并展开长长的喙啜饮花蜜。这种蛾的覆盖范围很广，它们能从非洲向北迁徙到芬兰，繁殖领域则可北至黑海海岸。向东的分布范围延伸至夏威夷及日本。

夜间觅食者

夜幕降临后，夹竹桃天蛾会在各式各样的花朵上觅食，包括忍冬、矮牵牛等，这些植物在夜间具有芬芳的气味。在夏威夷，夹竹桃天蛾被认为是木油菜（*Brighamia*）的重要传粉者之一。交配之后，雌蛾常会在夹竹桃（*Nerium oleander*）上产下单个的卵粒，夹竹桃是这种天蛾的主要寄主植物。

有警戒色的毛毛虫

夹竹桃在全世界广泛栽种，这有助于夹竹桃天蛾的分布。在夏威夷，夹竹桃天蛾被引入用于挖到灌木生长。夹竹桃植物体内充满有毒的强心苷，夹竹桃天蛾绿色的幼虫在体节最后部分长着长长的黑色角状突起，当觅食发育后它们便会拥有相当漂亮的体色，并且胸部会出现亮蓝色的防御性眼斑，这表示着它们具有毒性。鸟类吃了这种天蛾便会呕吐。

家族差异

飞行快速的天蛾科家族成员全都有着像战斗机一样的形状，但是一些叶片状、飞得较慢的天蛾其行为比较像大蚕蛾科的蛾类，且不觅食。那些会觅食的天蛾许多都是绝对夜行性的，只会帮夜间绽开的花朵授粉，而其他比较小的天蛾科蛾类完全都是在白天活动，并且会在外观和体型大小上模拟熊蜂。

从花朵中啜饮

夹竹桃天蛾的长喙使它能够从花朵深处吸蜜，因而有了竞争上的优势。休息或飞行的时候天蛾会将喙盘起来，而当它飞行接近花朵时则会将喙伸展出来。

盘绕的喙

伸展的喙

夹竹桃天蛾的伪装色彩使它能够在白
天休息的时候隐匿在枝叶中

Saturnia pavonia
蔷薇目大蚕蛾
惊人的眼斑

科	大蚕蛾科（Saturniidae）
显著特征	四个眼斑，雄性后翅为橘色
翅展	60 ～ 80 毫米
近似种	帕沃涅拉目大蚕蛾（*Saturnia pavoniella*，分布于欧洲南部）；斯目大蚕蛾（*Saturnia spini*）的外观像蔷薇目大蚕蛾的雌虫

　　这是一种分布很广但向来都不普遍、不常见的物种，从斯堪的纳维亚到蒙古都曾发现过它的身影。这种相当引人注目的蔷薇目大蚕蛾常出现在开阔的地区，包括草地、欧石楠灌丛、高沼地和草原，它是英国唯一原生的大蚕蛾科蛾类。

雌雄差异

　　雌蛾和雄蛾的四片翅膀上都长着引人注目的眼斑，但雄蛾有橘色的后翅，体型较大的雌蛾整体呈现出比较均匀的灰色。雄蛾也会在白天活动，它们利用明显的羽状触角沿着信息素踪迹追踪雌蛾；雌蛾则缺少具有这种功能的触角，且只在夜里活动，它们比较少活动而且很少被光线吸引。蔷薇目大蚕蛾成虫发生于春季，且一年一个世代，它们和其他大蚕蛾科成员一样不觅食。

广食性且保护能力好的幼虫

　　雌蛾会在这个种的许多种寄主植物上产下大批的卵粒，年幼的毛毛虫是黑色，身上还有黄色条带，它们一开始成群觅食，最常在一些开阔栖息地中的帚石南（杜鹃花科，Ericaceae）、山楂、野蔷薇、欧洲甜樱桃和其他蔷薇科（Rosaceae）植物之类的灌木上面被发现。

　　当幼虫完全长大后，其外观会发生剧烈的改变——变成隐蔽的绿色，且会长出许多沿着身体长度等距分布的亮橘色、黄色或桃红色的球状物（瘤突），每个球状物被黑色的环斑包围着且上面覆有中空的刚毛，这给予潜在的捕食者一个强烈的视觉讯号。如果毛毛虫被攻击，它身上每个瘤突内的腺体就会产生一种具攻击性且富含蛋白质的黏性液体，并通过刚毛分泌出来。发育成熟的幼虫会制造一个浅褐色的像羊皮纸一样的薄茧，并且在里面化蛹越冬。

防御性的刚毛

蔷薇目大蚕蛾幼虫身上长出来的每一个球状物上不仅带有具防御作用的刺，也含有一个可以分泌防御性化合物的腺体。

蔷薇目大蚕蛾是一种具有性二态性的蛾类，其雌蛾（上）和雄蛾（下）有不一样的翅纹

Anania hortulata

荨麻棘趾野螟

小巧玲珑

科	草螟科（Crambidae）
显著特征	三角形的翅膀，腹部背面弯曲
翅展	24 ～ 28 毫米
近似种	姐妹种山西棘趾野螟；醋栗金星尺蛾（*Abraxas grossulariata*），一种有相似翅纹的尺蛾

　　在欧洲，荨麻棘趾野螟是一种人们熟悉、常见的蛾类，它有着橙黄色的头部和胸部，白色前翅上面的翅纹呈深灰色乃至黑色。它可能是近年才来到北美洲，分布范围从加拿大纽芬兰与拉布拉多省到美国威斯康星州，南至美国马里兰州，在美国西部则从加拿大不列颠哥伦比亚省到俄勒冈州的波特兰。这种蛾在生长着它偏好的寄主植物（荨麻）的开阔地区都有被发现，它常常会被灯光所吸引。荨麻棘趾野螟的发生期通常为 5 月到 9 月，但在某些地区会稍早或稍晚一些。

前蛹期越冬

　　如同许多草螟蛾一样，这种螟蛾的绿色幼虫具有隐蔽性，幼虫成熟后会制作一个坚硬的双层茧——外层会将叶子碎片整合进来，以保护内部疏松的茧，然后，它会在茧里以预蛹的状态越冬。此时它就像是其他毛毛虫较短、较肥且较白的版本，但已经缺少大多数毛毛虫的功能。等到春季，它会蜕去外皮转变成蛹，然后在几周后羽化。

可能是一种拟态者

　　人们可能会将荨麻棘趾野螟误认为醋栗金星尺蛾，两者翅纹相似但后者体型较大，是一种有毒的尺蛾，只是，这种尺蛾的前翅有波浪状的橘色翅纹，翅较宽且不闪烁。和大多数的草螟蛾一样，包括数量超过 100 种的棘趾野螟属（*Anania*）多数蛾类具有单调的色彩，而荨麻棘趾野螟可能是醋栗金星尺蛾的拟态者。2019年来自中国的山西棘趾野螟（*Anania shanxiensis*）被确认为一个独立但非常相似的种类。

　　>> 荨麻棘趾野螟与体型较大的醋栗金星尺蛾的区别在于它三角形的翅膀以及轻微弯曲的腹部

Buckleria paludum
欧洲茅膏菜羽蛾
羽毛状的小飞蛾

科	羽蛾科（Pterophoridae）
显著特征	狭长的羽状翅膀
翅展	12 毫米
近似种	其他羽蛾科种类，例如分布在美国东南部的小巴克羽蛾（*Buckleria parvulus*）

　　广泛分于欧亚大陆的欧洲茅膏菜羽蛾是一种微小的蛾类，它的幼虫有独特的能力，能够取食食肉性的茅膏菜属（*Drosera*）寄主植物。和其他羽蛾科蛾类一样，它也具有罕见特化的羽毛状翅膀，停在地面上时它会将翅膀卷起来，看起来就像一捆干草，从而躲开捕食者。它们大多被发现于潮湿的栖息地，例如高沼地和泥炭沼地，这是它们的寄主植物生长的地方，这种蛾类在下午会贴近地面飞行，在夜晚会受到光线吸引。

避开黏液球

　　它的寄主植物包括圆叶茅膏菜（*Drosera rotundifolia*）在内，会用毛状体（一种位于叶片上的微小呈触手状的毛）分泌黏液滴，捕捉那些被闪烁着光芒的甜美液体吸引来的昆虫，这些毛状体随后会向猎物弯曲，并用分泌物将猎物包围起来使其窒息而亡，之后，植物释放的消化酶起作用，猎物最终被叶片吸收。

　　然而，欧洲茅膏菜羽蛾的毛毛虫已经产生了特异性的演化，以对抗存在潜在危险的茅膏菜属植物。那绿色或酒红色的幼虫首先会舔食毛状体上的黏液，因此它们可以在叶片上爬行并啃食叶片，毛毛虫身上的长毛能感知黏性的表面从而避免被茅膏菜捕获，也会从基部切掉毛状体并吃掉它。

　　成熟的幼虫不作茧，而是在禾草叶片上以头朝下的方式化蛹。蛹具有隐蔽性，通常一年有两个世代。

专业的行动

欧洲茅膏菜羽蛾的幼虫在食肉植物茅膏菜附近小心翼翼地穿行，它平时就生活在茅膏菜附近，并在茅膏菜上啃食。

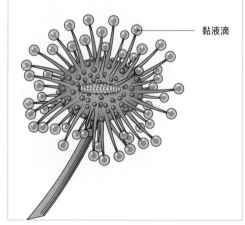

—— 黏液滴

清晨的露水洒在欧洲茅膏菜羽蛾
身上和枝干上

Euplagia quadripunctaria

泽西虎灯蛾

与众不同的虎纹

科	裳蛾科（Erebidae）
显著特征	前翅有黑色条带，后翅为粉色或红色，且有四个斑
翅展	52 ~ 65 毫米
近似种	优美虎灯蛾（*Euplagia splendidior*），分布在中东地区，例如阿富汗、土耳其、伊朗，后翅的斑纹较小并且前翅比较闪烁

　　泽西虎灯蛾的名称取自于海峡群岛中的一个岛（泽西岛，Jersey），但它分布于欧洲，主要范围从波罗的海诸国到地中海沿岸，往东到俄罗斯乌拉尔山脉，以及土耳其和伊朗等中东国家。

日行性与夜行性

　　泽西虎灯蛾成蛾会在各种各样的花朵上觅食。在比较温暖的地区，它通常会在白天觅食。它偏好菊科（Asteraceae）植物，也常常被醉鱼草吸引。然而，在英国南部，泽西虎灯蛾成蛾只在天刚黑之时访花取蜜及交配。在英国，这种蛾最早在 19 世纪末被注意到，而现在它的数量更多了，而且似乎在白天与黑夜都会活动，也常常会被光线吸引。分布在英国以及中东地区的相似边缘种群的后翅颜色常呈鲜红色、橘色或黄色。

越冬的幼虫

　　雌蛾会分批产下一堆又一堆的卵粒，随后小幼虫破卵而出并越冬，春季苏醒后的它们便会在草本植物上觅食，包括荨麻、蒲公英、聚合草、千里光和悬钩子。成熟后的幼虫呈黑色且多毛，身上有一条橘色的背线，在枯枝叶中作茧化蛹。

寻找夏季隐蔽所

　　有时候数量庞大的泽西虎灯蛾群会在地中海岛屿上夏眠，包括罗得岛（Rhodes），它们会聚集在凉爽的区域，例如岩石底下或树干上。罕见的是，泽西虎灯蛾的雌蛾和雄蛾都能侦测到雌蛾制造的信息素，这有助于它们聚集。一篇发表于 2021 年的研究文献指出，有些蛾类会因气候变热而延长白天躲在洞穴中的时间，泽西虎灯蛾即为其中之一。

蛾类群体

在希腊罗得岛聚集了数以百万的泽西虎灯蛾，为了躲避高温它们会一起聚在凉爽的地方，例如树干上。

泽西虎灯蛾的有醒目条纹的前翅把具有鲜艳颜色的后翅盖住了

Zygaena filipendulae

六点斑蛾

具有斑点的蜂类拟态者

科	斑蛾科（Zygaenidae）
显著特征	翅膀像蜂的翅膀，触角呈棍棒状
翅展	25 ~ 46 毫米
近似种	其他斑蛾属物种，例如窄边五点斑蛾（*Zygaena lonicerae*）和五点斑蛾

　　六点斑蛾是分布最广泛的斑蛾之一，从欧洲、小亚细亚半岛以及高加索，到叙利亚和黎巴嫩都有它的身影。这种日行性、颜色鲜艳、外形像蜂类的蛾有 25 个亚种，它们占据了各种各样的草原栖息地，从空旷地到海蚀悬崖再到海拔超过 2000 米的高山草甸。在白天，它以距地面几米的高度缓慢飞行，通常会停栖在花朵上，例如矢车菊或百脉根，而百脉根也是其幼虫的寄主植物之一。

毛毛虫的习性

　　珍珠梅斑蛾的幼虫呈淡绿色，身上有成列的黑斑。就像所有斑蛾属的幼虫一样，它们大多数有同样的栖息地，体型短而肥硕，身上还有毛。它们会以毛毛虫的形式越冬，等到初夏时期便会在银色的船形茧内化蛹。通常它们的茧会附着在草甸植物的茎上。

充满氰化物的蛾

　　这种蛾类在所有发育阶段都有醒目显眼的防御色彩，这衍生自氰苷（亚麻苦苷和百脉根苷），是幼虫从寄主植物中获取到的。同时，六点斑蛾雌蛾也能自行合成这些物质。对六点斑蛾来说，寄主植物中的这种有毒化合物可能也是一种营养物质，它们的量愈多幼虫成长得就愈快。雄蛾在交配时会将精子和保护性化合物一起传递给雌性。雌蛾能感知到这些化合物的挥发性衍生物的气味，雄蛾有愈多的化合物，对雌蛾就愈有吸引力。同样，雌蛾也会释放氢氰酸，甚至能吸引较远处的雄虫前来。

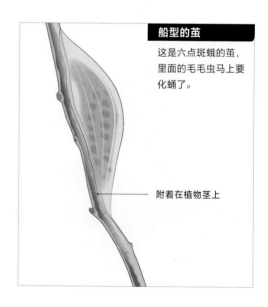

船型的茧

这是六点斑蛾的茧，里面的毛毛虫马上要化蛹了。

附着在植物茎上

六点斑蛾停歇在蒲公英花朵上

银斑芥黄蝠蛾

Abantiades hyalinatus

漂亮诱人的新西兰、澳大利亚种

科	蝠蛾科（Hepialidae）
显著特征	大型蛾类，翅狭长，后翅紫色
翅展	100 ～ 120 毫米
近似种	其他芥黄蝠蛾属物种，例如银带芥黄蝠蛾（*Abantiades barcas*）

　　令人印象深刻的体型及红紫色的后翅是银斑芥黄蝠蛾的典型特征，它的前翅能呈黄色、红色或褐色，有时候上面还有银色条纹。这个物种只在澳大利亚出现，包括维多利亚州、新南威尔士州、昆士兰州东南部以及塔斯马尼亚州。银斑芥黄蝠蛾的发生期为 2 月、3 月与 4 月，这在澳大利亚是夏季末到冬季初。通常它们会在第一次降雨后出现，成蛾不觅食并且仅存活几天便死去。

根部蛀虫

　　和其他 30 多种的芥黄蝠蛾属（*Abantiades*）蛾类一样，这种蛾的幼虫也是白色的，长得像蛆，常住在地底下。它们会钻入植物根部蛀食，寄主植物包括塔斯马尼亚州的桃叶桉（*Eucalyptus amygdalina*）和西澳大利亚州造林地的蓝桉（*Eucalyptus globulus*），极度骨化的头部、胸板以及强壮的大颚能帮助它们在桉树木质的根部挖洞。

作为补充食材

　　这种蛾类的幼虫曾经是澳大利亚原住民的补充饮食食材，半个世纪之前的记录显示，与来自澳大利亚荒漠地区的人们比较熟悉的女巫蛊蛾一样，至少有其他两种芥黄蝠蛾属蛾类都是当地居民的补充饮食食材。这种蛾类成虫也是东袋鼬（*Dasyurus viverrinus*）的猎物，同样，它也会被鸟类捕食，例如黑脸王鹟（*Monarcha melanopsis*）。

古老又引人注目的家族

　　银斑芥黄蝠蛾隶属于蝠蛾科这个原始的蛾类家族，这个科的起源时间可以追溯到一亿年以前。银斑芥黄蝠蛾是大型蛾类之一，也是最古老的蛾类之一。

　　➤➤　银斑芥黄蝠蛾是澳大利亚本土的蝠蛾科蛾类中较大型的一种

MOTHS OF DESERTS & TUNDRA
荒漠与苔原的蛾类

极端的栖息地

　　荒漠和苔原都是极端的栖息地，这里只有很少数的植物可以支撑鳞翅目族群的生存，漫长而严酷的条件只在短暂的生长季才能得到改善。大多数荒漠的年降水量少于 250 毫米，在极端高温下水分又会迅速地蒸发，因此，只有那些最坚韧的植物和能储水的植物能在这里存活下来。在苔原地区，包括北美洲和欧亚大陆上广阔且没有树木的极北地区以及亚南极群岛，植物只在短暂的夏季生长，因为这时候地底下土壤岩石与沙质的永久冻土上方会有一层细表土解冻。

适应未来

　　生活在这些生物区系的蛾类必须适应极端的温度，并取食那些缓慢生长、零星分布的植物。荒漠和苔原的蛾类，或那些与其非常相似的物种，也可能出现在一些跟这类生物区系相似的栖息地，这些地方是被隔离的小区块，存在于高山上以及其他非常干旱或寒冷的地方。地球上的温带地区已经比不久

之前的一段时期温暖，而且在不远的将来甚至会变得更热，因此目前发生在极端栖息地的蛾类或许已经具备了在气候变迁时蓬勃生长的能力。

<< 在夏季，格陵兰苔原上花朵盛开，此时温度可以上升到20℃以上，干净且干燥的空气让视野延伸数千米远

︿ 荒漠（紫色）和苔原（蓝色）的全球分布图

>> 红纹草螟（*Noctueliopsis arida-lis*），一种发现于美国加利福尼亚州莫哈韦沙漠的草螟蛾。如同许多草螟蛾一样，红纹草螟体色丰富并且会访花觅食，但其生活史仍未被描述

依靠蛾类传粉

许多荒漠植物在黄昏之后开花以避开白日的高温，并且依赖蛾类帮助它们繁殖。猴面包树共有九种，分布在非洲、马达加斯加和澳大利亚，它们芬芳的花朵在黄昏时绽放，吸引天蛾前来，例如科天蛾属（*Coelonia* spp.）。天蛾也会拜访非洲和中东地区的沙漠玫瑰，这种植物肿胀的茎跟猴面包树一样能在干旱时期保留水分。许多取食花蜜的蛾类，包括蝙蝠，会在夜里拜访盛开的龙舌兰，它们在荒漠中是重要的传粉者。大部分靠天蛾传粉的花朵都有着长管状的花冠，以让天蛾的喙伸入，但也有例外：夜行性的番茄天蛾同时会在外来及本地的荒漠园区的仙人掌上访花取蜜，例如大和魂（*Peniocereus greggii*），这种仙人掌发现于从美国亚利桑那州延伸至墨西哥北部的索诺拉沙漠。会被蜂鸟拜访的仙人掌花朵通常色彩鲜艳并且在白天开放，而靠蛾类传粉的仙人掌花朵则为白色且在傍晚时绽放。

⋏ ⋏ 这是位于非洲之角东边的索科特拉岛上的沙漠玫瑰，它们依靠天蛾传粉，而甘薯天蛾（*Agrius convolvuli*）就分布在这个地区

亚热带荒漠蛾类群聚

在地球上，最炎热、最干燥的地区常远离赤道，并且大多数都和亚热带大陆性气候相关，这些地方包括非洲的撒哈拉沙漠，大洋洲的维多利亚大沙漠，北美洲的莫哈韦沙漠、索诺拉沙漠，亚洲的伊朗卢特荒漠和许多其他地区，这些地区总体占了干燥陆地的26% ～ 35%。

趁下雨把握时机

夏季酷热难耐，而到了寒冷且干燥的冬季，温度虽然变得更加缓和，但此时气温大多仍在零度以上。降雨往往是短暂而猛烈的，有时候根本没有雨水能到达地面。当夜晚温度下降时，蛾类和许多其他生物都很活跃。草原和荒漠之间的分界线常常是模糊的，半荒漠地区常常形成过渡的栖息地，定义在此处被发现的大部分蛾类，同样借用了它们与适应干旱的植物种类（例如仙人掌、丝兰、棕榈和其他一些耐寒乔木和灌木）之间的关联性。来自周围地区的蛾类也可能为了利用雨后短暂的植物生长期而季节性地迁徙进入荒漠。

荒漠蛾类的多样性

当生物学家在全球范围内探索更多极端且未被研究的栖息地时，他们便开始发现更多独一无二的多样性。2006 年，一项调查研究发起于奇瓦瓦沙漠北界的新墨西哥州白沙国家公园，结果发现了 450 多种蛾类，其中包括 19 种科学界新发现，且多数可能都是特有种。有些荒漠植物和蛾类之间的关联性也十分古老，可溯源至数百万年前的白垩纪或侏罗纪时期，例如非洲纳米布沙漠南部原始的百岁兰（*Welwitschia mirabilis*），它们靠螟蛾和尺蛾传粉，而且某些特定的潜叶性小蛾也取食这种被称为"活化石"的孑遗物种。这个案例支持了一项假说，蛾类的出现及其对植物生物学的重要性，甚至在最早的开花植物出现之前便已经存在了。

植物群落

　　荒漠中的植物群落有高度的独特性。例如，在莫哈韦沙漠中，优势物种包括脆菊木、滨藜、短叶丝兰和三齿团香木。许多专一性的蛾类已经演化为只利用这些植物资源，例如三齿团香木连尺蛾（*Digrammia colorata*），正如其名字所示，只取食三齿团香木；此外也有专门取食仙人掌、丝兰和棕榈的蛾类。在澳大利亚，广阔的维多利亚大沙漠栖息地面积超过 42 万平方千米，特定的耐干旱的桉树和相思树物种是典型物种。2017 年的生态速查（各式各样生命形式的密集调查）在这里发现了 86 种鳞翅目，其中有些种是先前未知的，它们在这个严酷的栖息地内觅食与飞行。

≪　发现于非洲西南部的百岁兰是古老的百岁兰科（Welwitschiaceae）家族中唯一现存的物种，而它与一种同样古老的蛾类有关联

↖　科罗拉多沙漠里白条白眉天蛾（*Hyles lineata*）的幼虫。它外表千变万化，以各种各样的荒漠植物为食

↖　红铃麦蛾的幼虫。本种原产于澳大利亚，目前发现于任何有棉花和其他寄主植物生长的地方

棉花上的蛾

　　红铃麦蛾（*Pectinophora gossypiella*）和昆士兰铃麦蛾（*Pectinophora scutigera*）是亚洲和澳大利亚的原生蛾类。这些蛾能很好地适应干燥炎热的环境条件。其成蛾在凌晨 3 点左右交配，雌蛾利用信息素吸引雄蛾。雌蛾可以在植物的任何部位产下卵，但它偏好在棉花的果实上产卵，这里的果实即所谓的棉"铃"。数只幼虫可以在同一个棉铃中发育，然后它们会爬下植物并且在土里化蛹，如果环境条件变得不适宜（太热或太冷），毛毛虫在化蛹发生之前可以进入一个滞育阶段。为了寻找棉花类植物，成蛾可以在荒漠中飞行很长的距离，如果找到一片栽培的棉花，其族群便会暴发。这种蛾也可以在其他锦葵科（Malvaceae）植物上发育，例如木槿（*Hibiscus* spp.）、秋葵和肖槿，有时候比起棉花它们更喜欢这些植物。

仙人掌上的蛾类

科学界已知有 1700 种仙人掌，其中许多物种的肉质组织都可以成为蛾类幼虫的食物。在美国，有五种仙人掌螟属（Cactoblastis）的蛾类幼虫会在仙人掌的茎内挖洞，以使自己免受荒漠高温的危害，许多生活在这里或其他荒漠地区的不同属蛾类也是如此。

外部觅食

有一些毛毛虫会在仙人掌的外部觅食，其中包括分布于美国西南部以及墨西哥北部的美丽的鹿角仙人掌夜蛾（Euscirrhopterus cosyra）。它们喜欢圆柱掌（Cylindropuntia spp.），这种仙人掌很像刺梨仙人掌，但是比较高大、细瘦。鹿角仙人掌夜蛾的幼虫有橘色与黑色条纹，会刮食圆柱掌表面并取食新长出来的植物组织；有时它们也会吃其他仙人掌，例如刺梨仙人掌和巨人柱，这是索诺拉沙漠中一种体型高大的优势仙人掌。在巨人柱生长到第五年之前，疆夜蛾（Peridroma saucia）、甜菜夜蛾（Spodoptera exigua）、粒肤脏切夜蛾（Feltia subterranean）和谷实夜蛾（Helicoverpa zea）都会攻击其新长出的部位。这些夜蛾常常是迁徙性的，它们冬天在美国亚利桑那州和美国其他南方各州繁殖，夏季则一路向北迁飞到加拿大，在各式各样的寄主植物（包括农业作物）体外取食。

互利互惠

索诺拉沙漠的神圣草螟（Upiga virescens）是其所在属中唯一的物种，它与神阁柱（Lophocereus schottii）这种仙人掌有互利共生的关系。这种夜行性的蛾类有特别的适应方式：它能将仙人掌的花粉从一朵花中带到另一朵花中，贡献了约 75% 的神阁柱授粉成功率。雌蛾只在每一株植物上产下一颗卵，幼虫孵化后钻进花中取食发育中的果实和种子。由于神圣草螟的幼虫只消耗掉大约 30% 的种子，整体来看这种关系对仙人掌是有利的，蛾确保了授粉：如果没有这种蛾，生态群落中可以成功繁殖的神阁柱将会更少。

<< 鹿角仙人掌夜蛾的成熟幼虫在寄主植物圆柱掌上取食

南美仙人掌螟

　　南美仙人掌螟（Cactoblastis cactorum）是五种仙人掌螟蛾中的一种，它在澳大利亚被视为英雄，但在其他地方则被视为害虫。如同其名字所示，南美仙人掌螟毛毛虫会在刺梨仙人掌（Opuntia spp.）的肉质茎里取食并且造成相当大的破坏。这种蛾在 20 世纪上半叶被引进澳大利亚，当时非本土原生种的刺梨仙人掌在大片土地上泛滥。在一项最成功的生物防治计划当中，南美仙人掌螟在几年之内便使刺梨仙人掌受到控制，澳大利亚还为此蛾竖立了纪念碑来致敬它对昆士兰州的贡献。然而在其他地方，南美仙人掌螟的故事就不太积极正面，它不像大多数取食仙人掌的蛾类一样在饮食方面有所限制，南美仙人掌螟不仅会杀死刺梨仙人掌，也会吃其他类型的仙人掌。当它被引进南非和加勒比地区时，它还攻击了许多原生的物种，危害它们以及相关的野生动物。在墨西哥、美国得克萨斯州和阿根廷，刺梨仙人掌是一种重要的作物（用来生产制造奶酪、面粉、花蜜以及糖浆中的水果），有人担心南美仙人掌螟可能变得有入侵性并且严重影响许多人的生计。

　　南美仙人掌螟的这个案例，是由人类引进认为潜在"有用的"外来植物却造成严重错误的许多案例的其中之一。在南美洲，在这种蛾类的原生分布范围内，这种蛾自然地会受到食草动物、拟寄生物、病菌和捕食者控制，它们之间的关联性已历经了数百万年的演化。一个物种被引进到它们分布范围之外的地区，在没有其他物种对它们的数量进行干预的状况下，会呈指数性地繁殖并且迅速失控。

⤴　一株正在开花的刺梨仙人掌。在新大陆较温暖的地区，仙人掌属（Opuntia）植物在生态上与经济上是重要的种类，但是它们在其他地方是外来入侵物种

⤴　南美仙人掌螟被引进到一些地区用来防治入侵的刺梨仙人掌，它们的幼虫会成群地在仙人掌里面取食，破坏仙人掌的肉质茎

丝兰上的蛾类

在荒漠生物当中，最重要的生物之一是那些微小的丝兰蛾属（*Tegeticula*）蛾类。其中，北美洲的 20 种丝兰蛾会帮生长在荒漠地区的丝兰属（*Yucca spp.*）植物传粉，其幼虫则取食它们的种子。丝兰属植物也生长在大草原中。

合作关系

和神圣草螟一样，丝兰蛾与它们的寄主植物也有共生关系，两者的合作关系对各自的生存都至关重要。丝兰蛾的雄蛾和雌蛾都会被丝兰花朵的芳香气味吸引，并在花朵中交配。雌蛾会在花药（产生花粉的地方）

里收集花粉，然后将其滚成球后再塞进同一朵花的柱头（花粉萌发的地方）上。为了适应这样的传粉角色，这种蛾演化出了特别长且卷曲的下颚须（感觉附属器），这有助于将花粉插入丝兰的柱头孔，以使种子能够发育。但这种蛾类也并非完全无私，它们有着自己的目的：雌蛾会用尖利的产卵器刺穿子房（种子萌发的地方）并产下一些卵，幼虫一经孵化便能取食正在发育中的种子。但幼虫也会留下足够数量的种子用于寄主植物扩散传播。

夜蛾除了取食巨人柱，也很容易取食其他植物，而丝兰蛾不同，它们只取食丝兰。例如在美国加利福尼亚州圣迭戈周边，大斑丝兰蛾（*Tegeticula maculata*）会帮西丝兰（*Hesperoyucca whipplei*）传粉并且以它为食；而在除拉斯维加斯之外的莫哈韦沙漠，毛丝兰蛾（*Tegeticula yuccasella*）则与宽叶丝兰（*Yucca schidigera*）之间形成紧密的关系。

共同联手

丝兰蛾一开始会帮助丝兰的花朵授粉，然后再将一些卵产进花朵中正在发育的子房里面，之后，孵化出来的幼虫会吃掉一些（并非全部）成熟的丝兰种子。

花粉球

幼虫发育并且取食植物种子

产卵器

卵

图为莫哈韦沙漠中的短叶丝兰。根据传说，摩门教移民者给它起了这个来源于圣经的名称——Joshua Tree（约书亚树）

短叶丝兰

短叶丝兰蛾（*Tegeticula synthetica*）由 19 世纪出生于英国的昆虫学家与艺术家查尔斯·瓦伦丁·莱利（Charles Valentine Riley）所记载描述，它只取食非常有名的短叶丝兰（*Yucca brevifolia*）并且帮其传粉，这种植物常见于莫哈韦沙漠。2003 年，研究人员描述记载了第二种与短叶丝兰有关联的蛾类——对立丝兰蛾（*Tegeticula antithetica*），它们的体型较短叶丝兰蛾稍小。这情况起初看来似乎不寻常，不同种的丝兰蛾确实很少竞争相同的寄主植物，但后来人们发现，对立丝兰蛾主要发生在莫哈韦沙漠东部地区海拔 900 ～ 1700 米处的灌丛中，与短叶丝兰的变异种东部短叶丝兰生活在一起。两个蛾类种群之间的遗传差异显示，大约在一千万年前两者发生分歧，当时这个地区的疏林草原开始转变为半荒漠，短叶丝兰的分布范围伴随气候的波动扩张和收缩，因此造成了新种的出现。类似这样的现象在蛾类和其他动物中是经常发生的，这是两个种群长期经历地理隔离的结果，并通过对不同环境和略微不同的寄主植物进行适应得到了加强。

棕榈上的蛾类

类似于仙人掌蛾类和仙人掌之间独有的毛毛虫与寄主植物之间的关联，也发现于许多取食棕榈的物种当中，这些关联性同时发生于荒漠和类似荒漠的栖息地，这些地区含沙质的土壤无法留存太多水分。

挖隧道的毛毛虫

美国东南海岸的沙质栖息地里，菜棕夜蛾（*Litoprosopus futilis*）的幼虫会在棕榈和蒲葵的茎秆内挖隧道，它们的当地近缘种下加州菜棕夜蛾（*Litoprosopus bajaensis*）幼虫会在下加利福尼亚州北方荒漠的绿洲中取食石棕（*Brahea armata*）。尽管它们会破坏这种高大寄主植物将近 70% 的新鲜枝叶（石棕在花岗岩这种严苛的地貌上占据了优势），但毛毛虫啃咬形成的孔道会渗出甜蜜的分泌液，吸引其他生物前来取食。这是一个蛾类与植物交互作用的例子，有利于昆虫与鸟类等更大的群落受益。

贪吃的新物种

与棕榈有关联的蛾类研究揭示了许多信息：在 2021 年，研究发现了 2 个属于小蛾类科枪蛾科的新种——霍华德氏棕榈尖蛾（*Homaledra howardi*）和克努森氏棕榈尖蛾（*Homaledra knudsoni*）。第一种是对美国佛罗里达州和多米尼加共和国所发现的标本进行描述而来，而克努森氏棕榈尖蛾则得名于得克萨斯州蛾类考察家爱德华·克努森（Edward

<< 棕榈尖蛾（*Homaledra sabalella*）躲在隧道里并刮食棕榈叶的表面，图中的隧道是用丝、粪便和碎片做成的

↟ 目前生长于全世界各地的海枣常常会被枣棕蛙蛾（*Batrachedra amydraula*）的毛毛虫攻击，它们会在未成熟的海枣里挖隧道

↗ 棕榈蝶蛾是南美洲南部原生的一种美丽的大型蝶蛾，于2001年首次在欧洲南部被发现，并在此之后传播、危害栽培的棕榈林

Knudson），是根据克努森在墨西哥和美国得克萨斯州、佛罗里达州采集的标本描述而来。这两种剔骨枪蛾不仅仅将寄主植物坚硬的叶子吃到仅剩叶脉，而且会挖出精细的粪便隧道，对棕榈树造成严重损害。

蛀木虫

一些蛾类栖居在地球上最热的荒漠地区，例如伊朗的卢特荒漠，这里有记录的最高气温是 70.7℃。蠹蛾科（Cossidae）蛾类就是这类勇士之一，它们有着像蛆的幼虫，会在木本植物的树干、枝干和根中挖隧道，因为植物的这些部位温度较低，比较凉爽。

荒漠中的专一性物种

蠹蛾对荒漠环境条件有良好的适应性，这类蛾中的许多物种似乎比其他生物群系更偏好荒漠。2013 年，在非洲北部和欧亚大陆的喜马拉雅北部荒漠，一项针对目前所有已知的蠹蛾的分析显示，超过 100 种蠹蛾（占所有蠹蛾种类的 38%）生活在这个广阔的生物地理区域中。有 4 种蠹蛾在撒哈拉沙漠，其中，广泛分布的荒漠专一性物种雪白线角木蠹蛾（*Holcocerus holosericeus*），其雪白的前翅、胸部和腹部相当引人注目；其他 3 种则是有着灰褐色、带岩石纹路翅膀的典型蠹蛾，包括发现于以色列和其他中东国家的褐岩蠹蛾（*Eremocossus vaulogeri*）、可以取食耐干燥的阿拉伯金合欢（*Vachellia nilotica*）但被列为葡萄害虫的奇异蠹蛾（*Paropta paradoxa*），以及已知仅来自利比亚的克氏等角木蠹蛾（*Isoceras kruegeri*）。

此外还有两个近年被描述的蠹蛾科的属——成吉思汗蠹蛾属（*Chingizid*）和克蠹蛾属（*Kerzhnerocossus*），只发现于蒙古广阔的戈壁荒漠。这个研究揭示了它们的存在并再次表明，分析隔离地区的当地蛾类种群并研究它们的生殖器构造，很可能会发现更多的荒漠蠹蛾物种，当然，需要有更多的研究才能了解这些荒漠真实的多样性。

女巫虫

　　澳大利亚已知有将近 100 种蠹蛾种类，其中最重要的一种是女巫蠹蛾（Endoxyla leucomochla），其幼虫被称为女巫虫（witchetty grubs），取食被称为女巫灌丛的坎氏金合欢（*Acacia kempeana*）和其他荒漠植物的根部汁液。女巫虫会建造地下腔室，长久以来一直是澳大利亚原住民的重要的荒漠食物，他们会将女巫虫挖出来直接生吃，或是稍微煮熟点再吃。澳大利亚人类学家兼昆虫学家诺曼·廷德尔（Norman Tindale）于 1952 年在一篇关于飞蛾及其在澳大利亚南部乌尔迪的荒漠小定居点附近原住民中的使用情况的文章中对其进行了描述，称煮熟的女巫虫吃起来比较像猪肉，而幼虫生吃则富含鲜奶油的味道。由于女巫虫富含脂肪和蛋白质，廷德尔认为它们对孩童来说是一种高营养的食物，并且有助于断奶的婴儿补充营养。女巫蠹蛾体型非常大，翅展可达到 170 毫米，发育为成虫要花 2 年甚至更多时间。就像其他蠹蛾一样，它们的成虫不再觅食，但是却有很高的繁殖率。

◂◂　蠹蛾是相对稀少的类群，但是奇异蠹蛾在整个中东地区都有被发现，它们在各式各样的植物的树皮或茎秆内发育，包括阿拉伯金合欢和葡萄藤

◝　在澳大利亚的荒漠地区，许多比较大型的鳞翅目幼虫，包括这些女巫蠹蛾幼虫，一直被作为澳大利亚原住民的传统食物食用，特别是在过去的年代

▸▸　坎氏金合欢也被称为女巫灌丛，是一种荒漠植物。女巫蠹蛾的幼虫会取食这种植物的根，因此它的俗名是 witchetty grubs，意即女巫虫

豆科灌木牧豆树上的蛾类

全世界共有 26 种耐干旱程度不同的牧豆树、长角豆和其他相似的物种，它们都属于牧豆树属（Prosopis），是许多半荒漠和荒漠栖息地的特征植物。它们常是鳞翅目昆虫（包括各种各样的大蚕蛾）的寄主植物，从南美洲的白牧豆树（Prosopis alba）和黑牧豆树（Prosopis nigra）植物上引人注目的眼大蚕蛾属（Automeris），到美国西南部和墨西哥的牧豆树上的鹿大蚕蛾属（Hemileuca）和哈伯德大蚕蛾（Syssphinx hubbardi），多种蛾类以它们为食。

入侵者的征服者

尽管牧豆树生长旺盛且具有入侵性，能够高度适应严峻的环境条件，但有些蛾类可以严重危害这种植物。牧豆树的主要取食者是那些有着精细纹路的裳蛾幼虫，牧豆树裳蛾（Melipotis indomita）也被称为牧豆树虫，其雌蛾可以产下大约 750 颗卵，然后六周之后下一个蛾类世代就形成了。毛毛虫的密度会相当高：在一个案例中，从牧豆树下 1 平方米的区域内收集到了 86 只幼虫和蛹。这种蛾在美国各处都有被发现，因为在严寒的环境条件下无法生存，所以它们常常扮演着迁徙者的角色。

<< 哈伯德大蚕蛾的幼虫取食牧豆树和相思树

丝网编织者

腺牧豆树也被牧豆树网麦蛾（*Friseria cockerelli*）所喜爱，这种蛾在美国加利福尼亚州、内华达州和得克萨斯州都有分布。

就如同它们的俗名所表示的那样，其幼虫会在牧豆树的分叉处结网；大约100只幼虫一起住在一个巢中，并在里面经历化蛹或滞育。

>> 在亚利桑那州，一只黑尾蚋莺（*Polioptila melanura*）正站在牧豆树的枝条上捕抓一条毛毛虫，这是索诺拉沙漠本土的一种小型食虫鸟类

入侵的牧豆树

至少有12种原产于美国西南部、墨西哥以及南美洲的牧豆树属植物已经在非洲、亚洲和大洋洲的部分地区立足。它们常常展现出强大的耐干旱能力。然而，有一种名为南美牧豆树（*Prosopis juliflora*）的物种已经在这三个大陆成了入侵物种。1998年，树麦蛾（*Evippe* spp.）在澳大利亚作为生物防治的方法被引入并取得了成功。

<< 南美牧豆树在新大陆地区有着各式各样的用途，然而在其他地方却是入侵物种

鹿大蚕蛾

　　在美国西南部的荒漠中，硕大美丽、外观像蝴蝶的鹿大蚕蛾（*Hemileuca* spp.）证明了蛾类利用不同类型的荒漠与半荒漠中各种生态位的能力。鹿大蚕蛾得名于它在猎鹿季节开始时飞舞的习性，白天，其雄蛾常常在索诺拉沙漠和莫哈韦沙漠及周边地区寻找雌蛾。在幼虫时期，这些蛾类会取食它们占领的栖息地内的常见植物，从荞麦到四蟹甲再到沙漠杏仁，它们会持续收集成虫时期所需要的各种营养。

　　24 种鹿大蚕蛾中的 16 种可见于半荒漠栖息地、浓密常绿阔叶灌丛以及横跨美国西南部与墨西哥的大盆地草地，每个栖息地的植物群落都略有不同。例如，雪白的伯恩斯鹿大蚕蛾（*Hemileuca burnisi*）也许是加利福尼亚州周围最引人注目的蛾类之一，它取食一种极度耐干旱的豆类——莫哈韦银靛木（*Psorothamnus arborescens*）。

　　加利福尼亚州的莫诺湖海拔 1946 米，是在不到一百万年前由于剧烈的火山活动形成的，这是一片烈日炎炎的栖息地，以灌木蒿丛为主要植被。美国作家马克·吐温（Mark Twain）将其描述为"死气沉沉、没有树木、可怕的荒漠……地球上最孤独的地方"，在这里，雄性蔷薇鹿大蚕蛾（*Hemileuca eglanterina*，又名西部羊蛾）身上印着粉红色与黄色阴影，镂着黑色的斑点与线条，奋力对抗着强风，寻找纹丝不动的雌蛾。环绕在寄主植物枝条上的越冬卵群孵化之后，黑色的毛毛虫便开始取食灌木的新鲜嫩芽，随后便会发育出条纹和橘色的毛簇。

ᗑ ᗑ　分布在加利福尼亚州莫哈韦沙漠中的伊莱翠鹿大蚕蛾（莫哈韦亚种）（*Hemileuca electra mojavensis*）

ᗑ　莫哈韦银靛木原生于莫哈韦、科罗拉多和索诺拉沙漠，是鹿大蚕蛾属类会利用的众多寄主植物之一

蔷薇鹿大蚕蛾是一种日行性的大蚕蛾，被发现于内华达山脉东部覆盖着蒿属灌木的地区

苔原的蛾类

苔原生物群落包括美国阿拉斯加州、加拿大北部以及欧亚大陆北部的很多相对贫瘠的栖息地，它们的动物区系有时候会在两个大陆之间共享。苔原的蛾类多样性直到最近才被研究。来自斯堪的纳维亚、俄罗斯和美国阿拉斯加州的研究显示，这里的蛾类多样性不仅包含了广泛分布于其他地区的蛾类（有些仅仅是季节性迁徙进入苔原），也包含了其他地方未发现的独特蛾类物种。苔原的生物群落有着独特的蛾类动物区系，它们也出现在世界各地的高山上以及亚南极大陆地区。

荒芜的景色

苔原是相对贫瘠的土地，其特色是缓慢生长的草本植物与灌木，例如杜香（Rhododendron tomentosum）和越橘属（Vaccinium spp.）植物（如越橘和笃斯越橘）。苔原的许多树种都是矮小的，举例来说，生长在温带地区的高大柳树在此处的代表类群是一些看起来像是小灌木的物种。

绒毛熊

在苔原短暂的夏季，蛾类幼虫例如绒毛熊会到处爬行寻找食物，它们偏好落叶灌木，例如矮桦木和岩梅（Diapensia lapponica）。裳蛾科灯蛾亚科的成员英文名称为 tiger

‹‹ 阿荒尺蛾（Ematurga atomaria）正在杜香的花朵上觅食，由于寄主植物石楠具有耐冻性，这种尺蛾亦随之广泛分布在欧洲北部严寒的开阔栖息地

moths，意即灯蛾，绒毛熊所属的这类灯蛾其幼虫能很好地适应苔原生活环境。举例来说，北极草毒蛾（Gynaephora groenlandica）是 1832 年苏格兰探险家约翰·罗斯（John Ross）带领探险队在北极远征期间于格陵兰发现的蛾类，这种蛾的幼虫每一年增长一个龄期，如此七年后才能达到成熟并且化蛹。雄蛾飞去寻找静止不动的雌蛾之前会先晒太阳使自己的身体暖和起来，而幼虫也需要温暖的阳光以增加自身的温度，使得身体功能得以运作，这个物种也发现于俄罗斯弗兰格尔岛和加拿大。

白脉遇灯蛾（Apantesis quenseli）同时在欧亚大陆和北美洲被发现，例如阿拉斯加和拉布拉多这些地区，并且它们在高山上的寒带苔原形成了隔离种群。在这些寒冷严峻的地区，这种蛾类都在白天飞行活动。北极灯蛾（Arctia subnebulosa）广泛分布于北美洲苔原地区，而到了 2021 年，跟它近缘相关的苔原灯蛾（Arctia tundrana）在整个欧亚大陆北部已有超过 35 个不同的分布地点的记载。在这些姊妹种当中，不同的地理区域的成蛾翅膀上大而漂亮的斑纹有些微的变异。苔原灯蛾虽然是广泛分布的种类，但直到 1990 年它才第一次被描述记载，自那之后便在俄罗斯极地苔原得到广泛研究。根据 2015 年的研究，绒毛熊被悬茧蜂属（Meteorus）的茧蜂严重寄生，这种茧蜂能摧毁破坏 90% 的绒毛熊个体。

苔原的蛾类群落

在 2012 年夏季，一项由国际科学家团队主导的蛾类调查在俄罗斯涅涅茨自治区北部的小灌丛苔原栖息地进行，调查共发现了 29 种鳞翅目物种，其中包含先前仅知分布于北美洲的戈麦蛾（*Gnorimoschema vastificum*）。变纹灰丝兰蛾（*Greya variabilis*），一种阿拉斯加的丝兰蛾，也在涅涅茨苔原被发现。还有另一种卷蛾眼翅花小卷蛾（*Eucosma ommatoptera*），先前仅知分布于远东地区和日本，此次调查中也被发现。这项调查还表明，先前仅知局限分布于北极乌拉尔山脉的乌拉缨突野螟（*Udea uralica*）和乌拉潢尺蛾（*Xanthorhoe uralensis*），其分布范围也比先前知道的更为广阔。

‹‹ 一些羽蛾科的蛾类，例如这种著锥羽蛾（*Gillmeria pallidactyla*），可以在较寒冷的北方地区生长发育，并且以蛹的状态在草本植物的根部越冬

›› 芬兰阿赫韦南马群岛的仙女木（*Dryas octopetala*）的花朵上停着正在交配的仙女木道格拉斯蛾（*Tinagma dryadis*），它是蔷潜蛾科（Douglasiidae）这个小科的典型代表

广泛分布的物种

在涅涅茨自治区调查中发现的常见种包括一种分布非常广泛的华丽片羽蛾（*Platyptilia calodactyla*），这是来自欧洲温带地区的蛾类，在伊朗也有记录，另一种幕谷蛾（*Tineola bisselliella*）则很可能是人为引入的。斜纹小卷蛾，一种已知分布在加拿大西部育空地区的卷蛾，被证实是石质的灌丛苔原地带最丰富的物种，这种蛾在这里取食被称为仙女木的垫状植物，这种植物在春季短暂开花。进一步的发现还包括了三种白纹小卷蛾属（*Phiaris spp.*）蛾类，它们的幼虫已知会取食苔原蓝莓以及其他越橘属植物。

极地的迁徙动物

蛾类可以进行长距离的迁徙，有时候还会被风带到别的地方。2020 年夏末，数量庞大的松线小卷蛾（*Zeiraphera griseana*）在北冰洋维泽岛被发现，尽管这个岛并没有适合它们繁殖的栖息地。这种蛾类的突然大量出现，与其在南方 1600 千米外的近北极森林原产地的暴发有关（数量呈现爆炸性的增加）。随着地球气候变暖，更多的蛾类物种可能会向极地迁移。

亚南极群落

虽然亚南极地区也有苔原生物群聚，但范围要比北方地区小得多。马里恩岛的苔原与其他亚南极区域不同，因为这儿有海鸟和海豹排泄的大面积的粪肥，成为马里恩无翅蕈蛾（*Pringleophaga marioni*）的家园。这种蛾要花五年的时间才能发育为成虫，取食一些死掉的植物物质形成的碎屑。它的成虫翅膀极度退化，幼虫被称为亚南极毛虫，在岛上相当常见，并且对该岛上其他物种的饮食有相当意义的贡献。

高山苔原的蛾类

正如北方苔原生物区系的蛾类一样，位于高海拔的高山苔原栖息地的蛾类既可能是独特的，也可能是由于各种原因在季节变化时迁徙到山区的广布物种。

在科罗拉多州海拔大约3800米处所进行的一项夜行性蛾类调查结果显示，有48种体型较大的蛾类物种和许多小蛾分布在这里，其中体型比较大的蛾类是几种地老虎类夜蛾 [切夜蛾属（*Euxoa* spp.）、疆夜蛾、罗氏灰夜蛾（*Polia rogenhoferi*）、法氏窄眼夜蛾（*Anarta farnhami*）] 和一些其他的夜蛾科蛾类 [例如炎锌纹夜蛾（*Syngrapha ignea*）]。美国榆枯叶蛾（*Phyllodesma americana*）的外观看来像一片干掉的栎树叶，这个物种的分布在

预料之中——它们通常一路往北直到育空地区都有发生；这种蛾对寒冷气候有良好的适应力，其幼虫取食各式各样的植物。最让人意想不到的是尺蛾科的安石尺蛾（*Entephria lagganata*），这个物种原先已知仅分布在加拿大。像这样间断分布的例子（一个山区族群与更北方的主要族群形成地理上的隔离），可能是因为在气候变暖的时期，蛾类和寄主植物偏好较寒冷与较高的山地栖息地。

> ⚘ 平卧山月桂（*Kalmia procumbens*）是北美洲北部地区生长的一种植物，它们很少生长在比东部缅因州、纽约州以及西部华盛顿州等地的山区的更南方

> ⚘ 美国榆枯叶蛾非常广食性并且耐寒性强，所以它不仅可以栖居在高山苔原，也能出现在不列颠哥伦比亚省和育空地区的北部

伟大的迁徙者：白条白眉天蛾与八字白眉天蛾

　　虽然一些迁徙性物种，像是地老虎类夜蛾，可能会在高海拔地区寻找凉爽的藏身处，但其他分布广泛且飞行迅速的蛾类依然在各种各样的栖息地中活跃，包括荒漠、苔原和高山顶峰，它们的出现不仅仅是季节性的，而且受到天气和其他因子的影响，会年复一年地发生变化。许多天蛾会迁徙，其中最佳的案例是白条白眉天蛾和八字白眉天蛾（*Hyles livornica*），在 DNA 研究证明这两种蛾类不是同一物种之前，人们一直认为它们是分别位于新大陆和旧大陆的同一物种。

　　白条白眉天蛾的分布范围从南美洲延伸到北美洲加拿大的不列颠哥伦比亚省，偶尔在科罗拉多州的高山苔原被发现，访问缬草、山荞麦和其他植物的花朵。白条白眉天蛾在春季也会迁徙进入荒漠，在那里它的幼虫数量非常多，会咀嚼食用各式各样的荒漠植物，例如沙马鞭（*Abronia umbellate*）和齿裂大戟（*Euphorbia dentata*）。在美国加利福尼亚州，卡维拉（Cahuilla）和托何那奥丹部族（Tohono O'odham）的人们过去常常收集这些毛毛虫，将其用火烤制后立即食用，或干燥后贮存。这些外形不一的毛毛虫，有时候呈绿色、身上带有眼斑，有时候几乎为全黑色。人们常常能看见它们到处爬行，寻找植物并且将叶片吃光。与之相类似的八字白眉天蛾毛毛虫则从南非到欧亚大陆都有分布，近期有报道称八字白眉天蛾在雨后的西奈沙漠大规模出现，以各式各样的荒漠植物为食，成蛾则从短尾菊（*Iphiona*）的花朵中取蜜。

> ❮ 白条白眉天蛾是一种广泛分布的物种，由于它的迁徙能力强，且幼虫能利用各式各样的寄主植物，因此有时可以在极端的栖息地发现它的踪迹

黄毛夜蛾

Xanthothrix ranunculi

微小的莫哈韦沙漠蛾类

科	夜蛾科（Noctuidae）
显著特征	金黄色或银白色，前翅颜色单一，有时候会有一个白色的中室斑；后翅黑色带有金黄色的鳞片
翅展	8～11毫米
近似种	无。除了黄毛夜蛾白点亚种（*Xanthothrix ranunculi albipuncta*），它有时候被认为是一个独立的种

　　黄毛夜蛾被发现于莫哈韦沙漠，被认为是当地的特有种。黄毛夜蛾会在道格拉斯金鸡菊（*Coreopsis douglasii*）的黄色花朵上觅食花蜜，这种植物在美国加利福尼亚州每年抽芽一次，一小片一小片地生长在向南面的山坡上。黄毛夜蛾成虫翅膀的颜色以及幼虫高度的图案化，使得它们能伪装融入花丛当中。

荒漠中的观察

　　有关本种的生活史只有一次完整的描述记载。著名的美国昆虫学家约翰·亨利·康斯托克（John Henry Comstock，1849—1931）在大雨过后的莫哈韦沙漠采集了一些黄毛夜蛾雌蛾观察，并引导它们在寄主植物道格拉斯金鸡菊上产卵。接着他记录了这种不常见且分布高度地区性的蛾类物种，而这份报告直到他去世后才由共同作者克里斯多福·亨纳（Christopher Henne）于1941年发表。

隐蔽的生活史

　　根据康斯托克的记载，黄毛夜蛾的卵光滑，呈白色、椭圆形，直径大约0.5毫米，产在花瓣与种子里，幼虫以寄主植物的花瓣、种子为食。最初，幼龄的毛毛虫身体呈黄色，头呈黑色，在之后的龄期，它们身上长出花纹，位于背中央的一条V形凹口状的条带一直延伸到体后部，成熟的幼虫肥硕且呈圆柱形，体色为乳黄色，身上还有橘褐色条纹和黑色的气孔，体长大约13毫米。

　　黄毛夜蛾一年最多产生一个世代，但是根据康斯托克的评估，在干旱时期，当环境条件不适宜繁殖的时候，它们也许能在蛹期阶段滞育超过一年。

　　➤➤　黄毛夜蛾在寄主植物道格拉斯金鸡菊的花朵上觅食、交配及产卵

Syssphinx hubbardi
哈伯德大蚕蛾
既隐秘又引人注目

科	大蚕蛾科（Saturniidae）
显著特征	具有独特灰色的前翅会将具有眼斑的粉红色后翅掩盖住
翅展	66 ~ 77 毫米
近似种	海力伯德大蚕蛾（*Syssphinx heiligbrodti*），一种体色较浅的蛾类，分布范围为从美国得克萨斯州中南部到科罗拉多州，与哈伯德大蚕蛾的分布范围局部重叠

  本种可见于美国的索诺拉沙漠和莫哈韦沙漠（得克萨斯州南部到加利福尼亚州南部）至墨西哥南部，飞行缓慢的哈伯德大蚕蛾雌雄两性有着相似的颜色，但雄蛾比雌蛾体型小，它们前翅正面暗淡而隐蔽的灰色有助于将自己隐藏在周围环境中，但是，一旦受到惊扰或威胁时，它们便会展示出引人注目且有黑色眼斑的粉红后翅，以及有着相似颜色的前翅腹面，以此吓退捕食者。在亚利桑那州的荒漠，苍白洞蝠以取食这种蛾类而闻名，这种现象在五到十月相当常见。

具防御性却又有隐性的毛毛虫

  索诺拉沙漠和得克萨斯州的外佩科斯地区（Trans-Pecos）与埃斯塔卡多平原的半荒漠地区是哈伯德大蚕蛾毛毛虫的家园，这些地区的干禾草、甘贝尔栎和其他耐干旱植物当中，有这种毛毛虫喜好的寄主植物——腺牧豆树，这是一种常见的植物，蝴蝶很喜欢它的花朵，其果荚内层也被当地人用来制作富含蛋白质和碳水化合物的谷粉。

  孵化后的幼虫有八个强大的胸突，覆盖着大约一半长度的胸部，在它们身体后端有一个角突，这比较像天蛾科毛毛虫的典型特色。生长发育时，角突以及沿着身体背部的一排梳状锐刺使它们受到良好的防御。身上的条纹也让它们巧妙伪装成寄主植物狭长叶子的一部分，而身体侧面如糖果般的红白色条纹则呈现出具有欺骗性的警戒色。

防御性的刺

哈伯德大蚕蛾的毛毛虫尽管看起来色彩鲜艳，但能在牧豆树的叶子中很好地隐藏起来，它体内没有用于保护自己的毒素，但它的尖刺也让小型鸟类天敌难以将它吞下去。

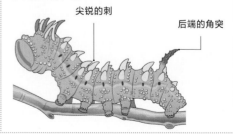

尖锐的刺   后端的角突

哈伯德大蚕蛾的警戒色只是一种虚张声势，它是没有毒的蛾类，但它翅膀上模拟猛禽或蛇的眼睛的眼斑，足以吓跑小型鸟类

Heliolonche pictippennis

端黑日光夜蛾

快速飞行的访花觅食者

科	夜蛾科（Noctuidae）
显著特征	日行性，后翅黑色有时会有白色条带
翅展	16 ~ 17 毫米
近似种	日光夜蛾属物种：卡尔日光夜蛾（*Heliolonche carolus*）、小马日光夜蛾（*Heliolonche celeris*）、华金日光夜蛾（*Heliolonche joaquinensis*），特别是霉色日光夜蛾（*Heliolonche modicella*）

就像所有的夜蛾一样，端黑日光夜蛾体型小而粗壮，是一种飞行速度快的蛾类。它有着红色或亮黄色的前翅，黑色的后翅有细白边，有时候会有一条白色的横纹。早春时节，在美国西南部的干燥栖息地可以发现这种日行性的蛾类，这些地方是它的寄主植物沙蒲公英（*Malacothrix glabrata*）和雪莒属植物（*Rafinesquia* spp.）的生长地。

花朵中挖隧道

端黑日光夜蛾雌蛾可以产下将近 40 颗卵，产卵时它会将卵插入小花之间（位于发育中的种子上方），幼虫在五天后孵化出来并取食花朵，最后会啃食种子。为了要完全发育，这种夜蛾的幼虫需要吃掉两个头状花序。初生的幼虫有着橘褐色的头部，而成熟后的五龄幼虫的头部是乳黄色和棕褐色的，并且具有深色的前胸盾板（prothoracic shield），有助于它们在花中挖隧道。这种以花朵为食的毛毛虫夜里都躲在头状花序的内部，因为花序在下午便会闭合。端黑日光夜蛾幼虫在土里化蛹，蛹表面光滑，特化成四个细小的刺的臀棘有防御的作用。

尖角夜蛾的近亲

关于日光夜蛾属（*Heliolonche*）隶属的实夜蛾亚科（Heliothinae）的最新分子生物学研究结果显示，来自美国西南部的 5 种相似且栖居于荒漠的日光夜蛾，彼此都是独立物种，并且它们与长相近似且种类繁多的蛾类大属尖角夜蛾属关系非常接近，尖角夜蛾俗称"flower moths"，意即花蛾，主要发现于北美洲，但是有少部分欧洲代表种。

挖隧道的幼虫

端黑日光夜蛾的幼虫在寄主植物沙蒲公英的花朵里面生长发育，它们一开始取食花朵，之后则取食种子。

在早春时节荒漠植物开花时，可以发现端黑日光夜蛾在寄主植物的花朵中快速移动

Phyllodesma americana
美国榆枯叶蛾
形状像叶子且有隐蔽性

科	枯叶蛾科（Lasiocampidae）
显著特征	大型的像叶片的蛾类
翅展	29 ~ 49 毫米
近似种	其他榆枯叶蛾属（Phyllodesma）的物种，例如白杨榆枯叶蛾（Phyllodesma tremulifolium），以及褐枯叶蛾属（Gastropacha）物种

　　美国榆枯叶蛾为榆枯叶蛾属的典型物种，其属名命名来自希腊文 phyllon，意即叶子，美国榆枯叶蛾翅膀波浪的形状和颜色使它看起来非常像叶片。这种蛾遍布北美洲，从加拿大不列颠哥伦比亚省和育空地区往南，至少到美国佛罗里达州和加利福尼亚州的北部，都有它的身影。在南方，它一年产生两个世代，发生期最早在三月开始，最晚持续到九月，而在北部栖息地，它一年只产生一个世代，发生期在五到八月。

成功的物种

　　美国榆枯叶蛾是高度广食性物种，这在一定程度上解释了为何它能成功在各式各样的纬度、海拔和栖息地（从荒漠一直到北方和高山苔原）"扎根"生存，其幼虫取食桦木、栎树、杨树、柳树、各种蔷薇科植物以及其他植物。2012 年的研究证实，在那些树木被严重砍伐的森林当中，美国榆枯叶蛾是最快重新恢复种群的蛾类物种。

隐蔽的成虫与幼虫

　　除了伪装成叶片，成蛾很少有其他的防御方式。它没有毒性，也无法听见或发出声音。幼虫同时具有隐蔽性以及覆有保护用途的毛，它英文俗名（American Lappet Moth）里的 lappet 意即垂片，这是与其他枯叶蛾科物种共有的特征，这源自其腹足上多毛的翼褶。枯叶蛾在英文中也被称为 eggars，因为它们会结蛋状的茧，并且在茧里越冬。

　　除此之外，美国榆枯叶蛾有 6 个亚种，其中有几个，例如美国榆枯叶蛾加州亚种（Phyllodesma americana californica）则是以发生地区命名的。

>> 美国榆枯叶蛾分布于加拿大新斯科舍省、不列颠哥伦比亚省和育空地区，分布海拔最高可至美国科罗拉多州的高山苔原。它能在极端地区成功生存，绝大部分归因于其幼虫的广食性特性以及它的耐寒能力

Hyles livornica

八字白眉天蛾

引人注目的传粉者

科	天蛾科（Sphingidae）
显著特征	前翅具有条带，后翅呈粉红色，有橄榄绿色的宽边
翅展	60 ~ 80 毫米
近似种	白条白眉天蛾

　　八字白眉天蛾是世界上分布最广泛的蛾类之一，它遍布非洲和欧亚大陆。这种蛾倾向于在它分布范围的南部繁殖，在非洲和阿拉伯半岛，它可以在雨后的荒漠里繁殖。迁徙个体可以抵达遥远的苔原，曾经在瑞典和西伯利亚西部的新西伯利亚被观察到。这种蛾偶尔还会侵扰欧洲葡萄藤。

广食性的毛毛虫

　　雌蛾可以产下将近 500 颗卵，它们的幼虫呈绿色，身上具有黑色纹路，可以把荒漠植物的叶子全部吃光，移动能力很强，常常爬行一段距离去寻找新的寄主植物。它们可以在各式各样的植物上发育，例如玫红酢浆草和葡萄。虽然它们不能像其他白眉天蛾那样食用专一的有毒植物，但它们能取食有毒的大戟属植物，以对抗一些寄蝇科拟寄生物，这些寄蝇会消灭将近 80% 的幼虫。

重要的传粉者

　　八字白眉天蛾帮各式各样的花朵传粉，特别是那些在傍晚开花、散发着强烈香味的典型物种。在南非，它们是好几种兰花不可或缺的传粉者，这些兰花有独一无二的适应方式，当蛾类将长喙伸入花朵中时，它们能将花粉块转移到蛾类身上。这种蛾也会造访较少特化的花朵，例如仙人掌、蓟、牵牛花和月见草。因此，这个物种已经被用在化学生态学的研究领域，用来判别花的吸引剂，即花朵用于吸引传粉者的视觉和化学信号。

前翅翅纹

八字白眉天蛾的后翅呈粉红色，基部和翅膀边缘颜色较深。停栖的时候具有隐蔽色彩的前翅会将后翅覆盖。

八字白眉天蛾能像直升机一样不降落而悬停
在花朵上方并且从花中吸食花蜜

MOTHS OF TEMPERATE DECIDUOUS FORESTS

温带落叶林的蛾类

春季大发生

在加拿大西南部和美国东南部之间、欧洲西北部到中国和日本之间，分布着温带落叶林，春天的到来令这些树林里的动植物生机勃勃。几个世纪以来，这些林地被砍伐，但它们具有很强的再生能力，在欧洲的一些地区，林地面积甚至开始增加。温带落叶林在南半球也有分布，散布在智利、阿根廷、澳大利亚南部和新西兰南岛。蛾类的生长发育与森林的季节性在时间上同步进行：在以卵、毛毛虫或蛹的休眠状态结束越冬之后，一年当中的第一个世代会在春季全面到来，新生的幼虫以刚萌发的嫩叶为食。

定时出现

在北半球的许多地方，栎树、桦树、杨树和枫树是落叶林里的主要树种。许多跟这些和其他阔叶树相关的蛾类物种，其发生与叶芽的出现时间在生物学上是同步的，并

↑　全世界温带森林生物群系分布总图

《《　这是春天的落叶林，此时正是新生蛾类幼虫大量出现的时候

且与南方的春季降水或更远的北方山区的融
雪时间吻合。越冬的卵可能藏在光秃秃的树
皮上，从这些越冬卵中孵化出来的幼虫是最
先一批啃食新鲜植物的毛毛虫，还有那些以
幼虫形式过冬的毛毛虫也是如此。许多以蛹
态越冬的蛾类也在春季羽化，而后迅速交配
并且产卵，由此进一步扩大了毛毛虫族群的
数量。

︿　这是产于意大利的一只桦蛾的雌
雄嵌合体。不可思议的是，该样本一
半是雄性一半是雌性，这是具有两个
核的异常卵成功受精且且发育的结果

栎树上的蛾

栎树在全世界有 500 多种，是落叶林的主要组成部分，它们对蛾类和其他昆虫至关重要。例如夏栎（*Quercus robur*）是英国的标志性栎树，它们主要分布在欧洲地区，此外在美国和中国也有零星分布。夏栎为 400 多种昆虫提供了食物，更不用说那些以栎实为食的松鼠和野猪了。

佛罗里达州与密苏里州的栎树取食者

有 30 多种栎属（*Quercus*）植物生长在美国东南部，它们的大小和形状差异很大，其中许多种生长在相同的栖息地。与其他属的落叶树种一样，它们的叶子在成熟时变得更为坚韧，并且更受到单宁等化学物质的保护，但在早春，这些叶子是毛毛虫们丰富的食物来源，此时它们抵抗毛毛虫攻击的能力很弱。蛾类的毛毛虫可能专食单一种栎树，但更常见的是同时取食好几种栎树，有时候也以其他树种为食。

自 20 世纪初以来，美国佛罗里达州的蝶类和蛾类就吸引了博物学家的关注，当时该州是博物学知识的前沿。到了公元 2000 年，该州的鳞翅目昆虫名录已增长到了将近 3000 种，已知有 200 多种鳞翅目昆虫会取食一种或多种不同类型的栎树。其中包括了壮丽的玉米眼大蚕蛾和独眼巨人柞蚕这类大蚕蛾。在幼虫时期的早期，茴大蚕蛾（*Anisota*）会成大群集体觅食，经常导致栎树落叶。

在佛罗里达州以北大约 1600 千米的密苏里州有着不同的森林和气候条件，大量丰富的蛾类也偏爱栎树。2018 年，在一份密苏里州的毛毛虫名录中列出了 20 科 107 种以栎树为食的蛾类。其中包括两种卷蛾科的蛾

麻袋蛾

在北美洲，取食栎树的扇状麻袋蛾（*Lacosoma chiridota*）属于鲜为人知的美钩蛾科，其幼虫在很小的时候会在剥食叶肉的栎叶叶脉骨架上制造一种特殊的网状结构，之后用叶片准备一个衬丝的舱室，幼虫便在里面生活并随后化蛹。扇状麻袋蛾成虫休息时的姿势有些古怪，它们会让翅膀朝下，腹部朝上，并且大多数的米马隆蛾看起来很像叶子，身上有微小的眼斑、线条和其他有助于伪装的元素。最近的一篇科学论文指出，扇状麻袋蛾在白天交配，而雄蛾似乎也会被雌蛾的性信息素所吸引，尽管这样的特征在夜间活动的物种中更为常见。美钩蛾科的蛾类过去一直被认为与长相相似的蚕蛾总科蛾类是近亲，例如枯叶蛾和大蚕蛾。然而 2017 年的一项研究证实，它们在进化树上处于钩蛾和螟蛾之间的某个位置。

类：褐纹黄卷蛾（*Archips semiferanus*）和漂亮的橡长翅卷蛾（*Acleris semipurpurana*），它们都会严重破坏栎树的叶子。这两个物种以卵的形式越冬，幼虫在春季孵化并吃掉植物的芽和嫩叶。而后它们将叶子卷在一起，用丝固定，藏在里面直到化蛹完成，最后成蛾羽化出现。

其他密苏里州取食栎树的蛾类包括舟蛾科蛾类，它们的毛毛虫身上通常具有大胆的纹路和颜色，有时有尾状或角状的延伸突起，就像是马佩西亚斑舟蛾（*Macrurocampa marthesia*）和其他舟蛾。相较于它们独特的幼虫，具有灰褐色隐蔽色的成虫看起来更像树枝，其英文名中的 prominent 意即"突出"，这来源于它前翅边缘的一簇长毛。停栖休息时，它们经常将翅膀卷曲在腹部周围，并让身体抬起来远离地面，以模仿树枝。

⊼ 独眼巨人柞蚕广泛分布于北美洲，它隐蔽的前翅将具有防御性眼纹的后翅隐藏起来。成蛾不进食

≪ 独眼巨人柞蚕的幼虫取食栎树，化蛹时它会将坚硬的银色丝茧附着在枝条上，蛹便得以在茧内存活过冬

栎秋黄尺蛾广泛分布于欧洲南部；它的尺蠖幼虫取食栎树

栎列队蛾幼虫在吃光一株寄主植物叶片之后，便会头尾相接排队去寻找新的寄主植物

欧洲的栎树取食者

许多欧洲蛾类将栎树作为寄主植物。为了重建生物多样性更为丰富的栖息地，欧盟倡导植树造林和天然林再生。在废弃的牧场上重新生长出的次生林中，栎树是最早重新出现的树种之一，而蛾类紧随其后。在西班牙，2016 年的一项研究描述了 22 种取食冬青栎（*Quercus ilex*）的蛾类幼虫。

在欧洲，取食栎树的栎列队蛾（*Thaumetopoea processionea*）因其幼虫在植物之间移动时会头尾相接列队游行而得名，它们的觅食活动经常导致栎树叶片全部落光。美丽而具隐蔽色的栎秋黄尺蛾（*Ennomos quercaria*）是一种栎树的专一性取食者，它主要发现于南欧，最近也在英格兰南部出现，这可能是它们因为全球变暖而栖息地向北移动的结果。

欧洲有许多以栎树为食的蛾类毛毛虫，其中包括棘镰钩蛾（*Drepana uncinula*）和栎镰钩蛾（*Drepana binaria*）。钩蛾科包含了600多种主要栖息在森林中的蛾类物种，其中有许多在外观上与尺蛾成虫相似，它们有着相似的平展姿态、宽阔的翅膀和细长的身体，有时可以根据它们延伸且弯曲的钩状前翅来加以区分。和纤细的尺蛾科毛毛虫不同，钩蛾的毛毛虫大而笨重，并且具备所有的腹足，而尺蠖腹部的腹足部分退化所以数量较少。钩蛾的后端腹足经常特化呈突出延长状，并且会抬起远离地面。

巧妙着色的"翅裳"

250 种裳夜蛾属（*Catocala*）蛾类中的大多数都生活在温带森林中并且以卵的形式越冬。它们色彩隐蔽、身体扁平、呈细枝状的幼虫以落叶树种为食，例如杨树、栎树、柳树和胡桃，而飞行迅速的成虫则吸食富含糖分的树液，这些树液会从被其他昆虫穿透进入树皮的地方渗出来。这种蛾类因有着美丽的黄色、红色或蓝色后翅而被称为 underwings，意即裳蛾、裳翼[1]，它们的后翅隐藏在单调的前翅之下，当降落在老树的树皮上时，前翅便成了一种完美的伪装。许多裳夜蛾的幼虫都是栎树取食者。伊利亚裳蛾（*Catocala ilia*）幼虫的颜色和图案类似于生长在寄主植物栎树上的地衣。美国东部和加拿大东南部的冬青叶栎（*Quercus ilicifolia*）是仙女裳蛾（*Catocala andromache*）幼虫的几种寄主植物之一，仙女裳蛾是一种大而美丽的飞蛾，它黄色的后翅隐藏在前翅之下。欧洲的栎树取食者也包括了有着艳红色后翅的裳夜蛾种类——亮红裳蛾（*Catocala promissa*）和暗红裳蛾（*Catocala sponsa*）。

⌃ 裳夜蛾属毛毛虫是伪装大师，它们长得像树皮，有时候也像地衣

⌄ 亮红裳蛾是分布在全北界（涵盖欧亚大陆和北美洲）中众多相似的裳夜蛾中的一种，它的幼虫取食栎树

---

1 古代文学中有"上衣、下裳"之称。

枫树上的蛾

　　像栎树一样，槭属（Acer）植物有 130 多种，它们构成了蛾类大量且多样的食物资源。糖槭（Acer saccharum）是这一属中最著名的树种之一，在春季人们可以从中收集枫糖浆。糖槭生长在美国东北部的广大地区，其分布范围一直向南延伸至东部的弗吉尼亚州北部，并且横跨中西部的密苏里州。

ᐱ　伞树窗大蚕蛾的幼虫会利用棘刺防御捕食者，虽然已有记载它们会取食20多种不同科别的植物，但它们偏好落叶树种中的枫树类

引人注目的枫树取食者

　　在以糖槭和其他槭属物种为食的蛾类毛毛虫当中，玫红大蚕蛾（Dryocampa rubicunda）的幼虫有着引人注目的粉红色和黄色，色彩高度变异。雌蛾在枫叶背面分批产下 20 ~ 40 个卵，并且在幼虫密度高的情况下，这些幼虫偶尔会将红枫树、银枫树和糖槭的叶片全部吃光。伞树窗大蚕蛾是另一种巨型大蚕蛾，它也喜欢枫树，但是它可以在其他各式各样的植物上生长发育，其中包括许多温带森林的树种。

绒毛熊和尺蠖

　　许多可以取食多种树木的蛾类毛毛虫，其食物中都包括了枫叶。这些蛾类包括耐寒的伊莎贝拉灯蛾（Pyrrharctia isabella），它们可以在零度以下的环境越冬，并且受到具有维护身体组织机能的物质的保护。其他以枫树为食的昆虫包括黄毛雪灯蛾（Spilosoma virginica）的幼虫、槭灰哈灯蛾（Halysidota

tessellaris）的幼虫和多食性的尺蠖，例如幼虫会模仿树枝的番红花尺蛾（*Xanthotype sospeta*）和丸灰青尺蛾（*Campaea perlata*）。这5个物种的幼虫都会先在叶表层打洞再以内部的叶肉为食，以避开叶子的第一道防御——坚韧的叶片角质层和表皮。

研究人员研究了这五种蛾类对两种枫树（糖槭和桦叶槭）的取食行为，发现随着毛毛虫的成熟，它们以两种枫树为食的能力明显不同。两种同样也以草本植物为食的广食性蛾类伊莎贝拉灯蛾和番红花尺蛾能很轻易地吃掉桦叶槭的叶子，而其他三种更喜欢木本植物，在糖槭上的取食表现更好。研究人员对两种树的叶子进行的十种不同保护性次生植物化合物（例如生物碱、苯类化合物和香豆素）的分析显示，这些化合物大多数存在于桦叶槭中，而糖槭中只存在两种。由此可见，取食多种植物的这两种广食性蛾类比偏好取食木本植物的蛾类更容易克服桦叶槭的许多化学防御。

纤细苗条的枫树杀手

尺蛾科的蛾类幼虫经常伪装成树枝，因而不怎么会被注意到，但有时也会因此变得很明显。2002年至2006年，在加拿大东部发生的榆秋黄尺蛾（*Ennomos subsignaria*）暴发使大批美国梧桐叶片被啃食殆尽。这种暴发（持续数代的种群数量突然增加）是昆虫种群波动的正常现象，并且最终将被相对应的大量捕食者和寄生蜂所控制，但仍不可避免地会产生毁灭性的影响。研究人员注意到，在这期间，某些特定类型的榆秋黄尺蛾毛毛虫，例如黑色型（深色幼虫）或带有锈色头部的毛毛虫在种群中变得更加普遍。树木会通过在叶片中产生更多保护性单宁来应对重大的昆虫攻击，这可能会影响毛毛虫的颜色。2009年一项关于榆秋黄尺蛾的时间和分布研究表明，它们在较老的树叶上存活得最好，尤其是在树冠上。

↖↗ 玫红大蚕蛾的幼虫（左上）在美国东部和加拿大南方的温带落叶林与郊区是常见的种类，甚至偶尔也在市区出现，它们取食枫树，很少出现在桦树上，其成虫（右上）不再进食，并且在色彩上变化很大

隐蔽的尺蛾

尺蛾是温带落叶林中数量最多的蛾类之一，它们是鸟类、胡蜂和蜘蛛等许多生物的捕食对象。尺蛾在全世界有 23 000 多种，其中有 1400 多种分布在北美洲。尺蛾已经进化出了许多生存策略，并且具有一些普遍性特征。除了少数特例之外，尺蠖和它们的成蛾仅靠具有隐蔽性的色彩来保护自己。这些蛾类大多数在休息时会把翅膀平展开，展示出图案丰富但色彩单调的前翅，它们通常用颜色相似的后翅模仿地衣或枯叶，能与树皮或落叶层完美融合在一起。

众目睽睽藏在眼皮之下

尺蠖能在寄主植物上很好地伪装起来，在啃食许多落叶树时它们也经常伪装成树枝。最好的树枝拟态昆虫是紫褐弯齿尺蛾（*Eutrapela clemataria*），它们以蛹的形式越冬，成虫在早春活动飞翔。红缘翡翠内莫尺蛾（*Nemoria bistriaria*）的幼虫可能很像干燥栎树叶的边缘，而成虫则呈赭色或绿色，看起来像枯叶或新鲜的叶片。角首尺蛾（*Ceratonyx satanaria*）是在北美枫香（*Liquidambar styraciflua*）上生长发育的，该蛾因其头部后面长着的两个角状突起而得名，这种结构看起来像是分叉的树枝，可能具有额外的感官功能。像其他许多尺蠖一样，角首尺蛾幼虫细长身体的体节连接处也有假的叶痕，这使它看起来更像树枝。角首尺蛾的成虫有细长的翅膀，腹部与胸部成直角，这在草螟蛾中更为典型。栎美灰尺蛾（*Phaeoura quernaria*）

>> 接骨木尾尺蛾是具有假头翅纹的范例，尾突和眼斑可以将捕食者的注意力从它的头部转移到它的后翅

↙ 大多数的尺蠖具有隐蔽性，例如这只栎美灰尺蛾幼虫正在模拟寄主植物的枝条

的成虫与多态型的胡椒蛾相似，但变化可能更多——从全黑到近乎通体白色，用以匹配它们栖息的各式各样的树皮。大多数尺蛾的雄性和雌性很难区分，但某些尺蛾不同，例如斑赫冬尺蛾（*Erannis defoliaria*），其雌蛾是不具有翅膀的。

多变的饮食

模仿树叶的栎贝尺蛾（*Besma quercivoraria*）广泛分布于加拿大和墨西哥，其幼虫呈灰色，体型细长，长得很像树枝，以栎树和其他各式各样的树木为食。丸灰青尺蛾幼虫的饮食结构则更为多样化，从加拿大到美国亚利桑那州的落叶林中的 65 种不同树木和灌木上都有丸灰青尺蛾幼虫啃食的记录。在欧洲广泛分布的两个物种——花斑球果尺蛾（*Eupithecia abbreviata*）和榆林尺蛾（*Alsophila*

aescularia），以及北美洲的菩提松尺蛾（*Erannis tiliaria*），也可以在各式各样的树木上生长发育，它们前翅的颜色和图案能与树皮背景融在一起，尽管榆林尺蛾和菩提松尺蛾的雌性是没有翅膀的。

在欧洲，最可爱的尺蛾之一是白色的接骨木尾尺蛾（*Ourapteryx sambucaria*），它经常出现在温带森林中，翅展可达 60 毫米。其幼虫像木棍一般细长，以各种乔木和灌木为食，例如山楂或忍冬。在英国和欧洲南部，醋栗金星尺蛾身上有独特的白—黄—黑的斑点，其毛毛虫和蛹也有类似的颜色，幼虫以黑刺李（*Prunus spinosa*）以及其他几种乔木和灌木为食，例如柳树和醋栗。这种蛾含有苦味化合物垂盆草苷，可以使它免受捕食者的攻击。

毛毛虫的丝

　　许多蛾类幼虫都能利用丝腺制造丝，并在一个名为吐丝器的特化口器的帮助下吐丝。毛毛虫会以多种方式来使用这种丝，例如绑住树叶、结茧，以及在空中移动。取食树木的毛毛虫大多出现在春季，它们经常从树枝上摆动下来：有些会主动掉下来躲避天敌，而另一些，例如佛罗里达新萤斑蛾的幼虫，会用丝从一棵叶片被吃光的寄主植物摆动到另一棵受损较少的寄主植物来获取食物。

舞毒蛾

　　毒蛾属（*Lymantria*）是一个拥有 200 多个物种的庞大属，其中包括臭名昭著的舞毒蛾，它的初生幼虫主要负责传播扩散，并且用"乘气球飞行（ballooning）"的方式来实现这一点——即利用丝线借助风力在空中飞行（另见第 23 页）。毛茸茸的成熟幼虫会攻击各种各样的植物，在暴发期甚至会将世界各地的大片温带森林的叶片取食殆尽。身上有白色图案的雌性舞毒蛾比棕色的雄性舞毒蛾大，因此其种名为 *dispar*，在拉丁语中意为不同的。在欧洲和北美洲的舞毒蛾种群中，

◀◀　舞毒蛾雄蛾寻找雌蛾时会利用锯齿状（像羽毛的）触角上面的感器捕获与追踪信息素的痕迹，大部分欧洲亚种的雌蛾不活动，亚洲亚种的雌蛾则会活动飞行

↗　古毒蛾属（*Orgyia*）蛾类毛毛虫有成簇的长毛状刚毛保护，如果碰触到会产生过敏反应，正在化蛹的毛毛虫也会将这种毛编织到茧里

雌蛾大多是不太活动的，只偶尔会拍动翅膀或者行走。然而，在亚洲的舞毒蛾族群中，雌蛾更为活跃，它们产卵时大多分散在短距离范围内（1.6 千米以内），有时，它们也会在交配前迁徙到凉爽的山地森林中。

当天空下起毛毛虫雨

　　白斑古毒蛾（*Orgyia leucostigma*）的幼虫与同样是毒蛾亚科（Lymantiinae）的舞毒蛾一样，是高度杂食性的，能够以数百种不同的植物为食。此二者与它们的近缘种——专门取食活栎树和松柏树的杉古毒蛾（*Orgyia detrita*），在春季的美国东南部数量众多。它们的幼虫在成熟并准备化蛹时会从树上掉下来，有时数量庞大，并且到处吐丝结茧，包括在人造结构上。它们的茧不只由丝制成，其中还添加了毛毛虫身上具有刺激性的毛。这些毛毛虫背部的黄色毛簇里含有令人刺痒的毛，有时候还伴有毒腺，可能导致皮肤过敏，甚至会在柔软的皮肤上留下伤痕。这些棕色且隐蔽的雄蛾会使用对信息素敏感的梳状触角来寻找不会飞的雌蛾。雌蛾的翅膀大都退化得不太完整，看起来像一个小棉球。雌蛾在破茧而出后会留在茧上，然后在柔滑的茧表面产下约 300 个卵，幼虫在次年便会扩散出去。

生活在天幕帐与巢中

筑巢行为通常跟脊椎动物有关，在节肢动物当中，则是与蚂蚁、胡蜂或群居性蜘蛛有关。鳞翅目昆虫看似不太可能筑巢，但是群居生活有很多益处，因此群居策略已经在许多蝴蝶和蛾类的幼虫中进化出来。在鳞翅目昆虫中，巢通常是由一只雌性产下的一大批卵形成的。在一些蝴蝶物种中，雌蝶也被观察到会将产下的卵聚在一起，以使更多的毛毛虫一起出现，并建造一个更大的巢。

天幕毛毛虫

在世界各地的温带森林中，枯叶蛾科的枯叶蛾，例如天幕枯叶蛾（*Malacosoma neustria*）、森林幕枯叶蛾（*Malacosoma disstria*）和东部天幕枯叶蛾（*Malacosoma americana*），以成批卵群环绕树枝的形式越冬。一旦在早春孵化，幼小的幕枯叶蛾属（*Malacosoma*）毛毛虫就会聚在一起共同对抗并克服植物的防御机制，以互惠互利的方式持续生活在一起，共同居住在它们围绕寄主植物树枝所编织的天幕帐中。

苹果树上的天幕帐篷与超声波点击声

白色的有斑点的稠李巢蛾（*Yponomeuta evonymella*）是巢蛾科的一种小蛾，它有一个非常相似的近亲——小苹果巢蛾（*Yponomeuta malinellus*），其幼虫因为害苹果园而臭名昭著。这两个物种的幼虫都用公共丝网覆盖寄主树，并在丝网下面觅食，以此躲避捕食者的攻击。

ʌ ›› 巢蛾属（*Yponomeuta*）包括100多种相似的蛾类物种，它们的毛毛虫（上）已知会用大量的丝包覆整棵乔木和灌木（右图中是常见的欧洲卫矛），利用对寄主植物的偏好来区分这些看来相似的蛾类是比较可靠的办法

ˇ 从过冬卵群团中孵化出来的天幕枯叶蛾毛毛虫开始制造"巢"——它们在丝网下聚成大群，一起躲藏与取食

虽然个体很小，但集体行动的它们会产生大量的丝，这些丝可以包裹树枝，有时甚至可以包裹整棵树。这些巢蛾在欧洲的森林边缘和公园中数量很多，能将树叶啃食殆尽，偶尔还会落在路人身上。在16世纪，奥地利修道士曾经将几股毛毛虫的丝粘在一起制成精美的网状画布，并在其上绘制宗教微缩画作。现今仍然存在的极少数案例之一是英国切斯特大教堂（Chester Cathedral）的圣母玛利亚（Virgin Mary）的画像，其画布便是用稠李巢蛾的丝制成的。

虽然吸引研究人员注意的是这些毛毛虫的破坏性行为，但是小型的巢蛾具有更深远的科学意义。例如，对小苹果巢蛾的研究显示，接近宿主植物会刺激雌蛾产生信息素。2019年，一项针对稠李巢蛾与纺锤巢蛾（*Yponomeuta cagnagella*）的研究也描述了一种有趣的声学行为：这些蛾类似乎听不见声音，但是它们会通过拍打翅膀不断产生超声波来驱赶蝙蝠，并且会模仿有毒灯蛾的超声波。

蚕蛾与它的近亲

蚕蛾总科（Bombycoidea）是一个大型蛾类的总科，它囊括了许多令人惊叹的物种，比如大蚕蛾、天蛾、枯叶蛾等，其中许多都生活在落叶林中。尽管它们体型很大，但成蛾和毛毛虫很少在白天出现在森林中。它们体型庞大且飞行缓慢，对鸟类和哺乳动物等天敌几乎毫无防御能力，因此在白天，它们保持休眠状态并且基本保持不动。正因如此，它们理应成为有着熟练生存策略的最伟大的伪装大师之一。

具有眼斑引人注目的"叶子"

大蚕蛾依赖可模仿树叶或树皮的前翅来隐藏自己，但有时候它们也有备用策略——当蛾类受到干扰时，颜色鲜艳的后翅会向捕食者闪烁以吓退它们。在日本北部的温带落叶林中，许多大蚕蛾毛毛虫啃食蒙古栎（一种日本的栎树，学名 Quercus mongolica）的嫩叶。其中包括绿目大蚕蛾（Caligula jonasi）和具有尾突的短尾大蚕蛾（Actias artemis），它们的近缘种月尾大蚕蛾主要以美国东南部的枫香树为食。2018年，一项使用高速摄像技术对蛾类和圈养蝙蝠进行研究的结果显示，大蚕蛾的尾巴越长，转移蝙蝠攻击的能力就越好。月尾大蚕蛾拥有均匀的淡绿色体色，白天休息时能与周围环境完美融合，但它们也有半透明的眼点，在逆光环境下更容易被捕食者注意到。

>> 帝王大蚕蛾的幼虫存在多型现象——它们的色型由遗传决定，每一种色型都能在不同的情况下（光线照明、背景衬托以及其他）提供较好的伪装，以达到躲避天敌的效果

<< 可通过具有特色的后翅形状与尾突长度来鉴别月尾大蚕蛾

帝王大蚕蛾在每个生命阶段都具有隐蔽性，它的幼虫可以是棕色的也可以是绿色的，这取决于基因。帝王大蚕蛾的毛毛虫一旦在寄主植物（包括美国东南部的栎树、枫树以及新英格兰的刚松）上完成取食生长过程，就会爬下树干并将自己埋在地下，在那里它们会建造一个舱室，并在不结茧的情况下化蛹。变成成虫之后，它们看起来就像大而干燥的叶子，上面有复杂的、变化多端的翅纹图案。2010年，对蛾类种群的一项研究表明，过去半个世纪（20世纪下半叶）蛾类数量的显著下降在一定程度上可能与其寄主植物的消失有关。

桦蛾

桦蛾是欧洲的森林蛾类，雄蛾在三月初开始飞行，预示着春天的到来，它们会被雌蛾的信息素所吸引，并夜以继日地寻找配偶。桦蛾一年只产生一个世代。雄蛾不仅比雌蛾更小，而且体色更深，后翅呈赭色。产卵较多且不怎么活动的雌蛾在寄主植物白桦的树皮上伪装得很好，能与树痕和地衣融为一体，很难在枝叶中发现它们的毛毛虫。桦蛾是桦蛾科大家族中唯一的欧洲成员，该家族还囊括了来自东南亚的其他几个属。

天蛾的拟叶现象

与草原、荒漠和雨林中的天蛾相比，在温带落叶林中发现的许多天蛾更像大蚕蛾，它们通常具有迁徙性，外观像飞机或蜂鸟。与其他天蛾不同的是，森林中的天蛾物种的喙是不发达的，而且这些蛾成年后不会进食。一些幼虫专食温带落叶乔木的天蛾，其飞行能力也很差。像大蚕蛾一样，它们的幼虫也在地底的土室化蛹，羽化后的雌蛾已经为产卵做好了准备。许多天蛾的后翅上有眼斑或其他鲜艳的颜色，只有在受到威胁时它们才会暴露这些图案，平时则将后翅藏在有保护色的前翅下，这些前翅的形状和颜色

↖ 桦蛾是蚕蛾总科中一个小科的欧洲唯一一代表，也是这个属内唯一的成员。这个物种在欧洲温带阔叶林中象征着春天的到来，它的幼虫在桦树上成长发育

↗ 椴钩翅天蛾是以其寄主植物椴属（Tilia）树木命名的，即北美洲的美洲椴。英文俗名（Lime Hawk Moth）中的Lime是因为英国称椴属植物为"lime tree"，这与某些名为lime的柑橘类植物一点关联也没有

类似于细长的枯叶——这也是许多大蚕蛾的特征。欧洲森林的杨树和白杨树上有杨黄脉天蛾（*Laothoe populi*）和黄脉天蛾（*Laothoe amurensis*）的幼虫，它们看起来像叶子，具有隐蔽性。类似的栎树六点天蛾（*Marumba quercus*）和椴钩翅天蛾（*Mimas tiliae*）的幼虫

分别以栎树和椴树为食。虽然杨黄脉天蛾的成虫没有眼斑，但它的后翅上有红色斑点，正常情况下是隐藏起来的。它还采取了另一种隐蔽的策略：宽阔的后翅在狭窄的前翅下方突出，使整体轮廓不再像是一只飞蛾。

梓角天蛾

梓角天蛾（*Ceratomia catalpa*）与大多数天蛾不同，它的幼虫成群结队地以单一寄主植物为食——梓属（*Catalpa*）植物，图中这种植物也因其种荚的形状而被称为雪茄树或美国梓树。它们是原产于美国东南部落叶林的中型乔木，因花朵美丽而成了备受青睐的园艺植物。为了抵御梓角天蛾的攻击，美国梓树（*Catalpa bignonioides*）会分泌甜味分泌物，以吸引附近的蚂蚁来保护自己。这种植物还会产生环烯醚萜苷梓醇和梓醇苷，而毛毛虫为了保护自己会隔离梓树产生的这些防御性化学物质。

↗ 梓角天蛾的毛毛虫具有独特的适应能力，可以取食这种有化学防御的植物

205

全副武装，危险又古怪

某些温带落叶林里的蛾类毛毛虫，有着古怪的外表和奇妙的适应行为，从奇异的防御姿势和不寻常的庇护所，到发出声音和喷洒有毒化学物质，某些甚至具有杀死胡蜂的能力。

隐藏的武器

虽然从各方面来说，每种蛾类在某种程度上都是独一无二的，但是某些温带落叶林里的物种有着特别奇怪的外观。例如，南方绒蛾的幼虫更像是一种毛茸茸的、童话故事里的哺乳动物，而不是昆虫。它可爱的外表和毛茸茸的毛掩盖了隐藏在柔软刚毛中的毒刺，这些刺会引起疼痛，有时甚至会危及生命。成熟的毛毛虫会用刚毛结一个耐用的茧，茧顶部有一个装满软毛的袋状构造，这可能是一种额外的防御，因为鸟啄了它之后会满口毛，然后就可能会放弃对茧的进一步攻击。这种蛾的茧非常坚硬，只有锋利的刀才能将它打开，并且在蛾羽化后很长一段时间内它仍会留在树上。

刺蛾科的幼虫是短小的、扁平的、圆形的，甚至是有分枝的。它们的俗名是蛞蝓蛾毛毛虫，这是因为它们的腹足没有钩子，只

苹蚁舟蛾

苹蚁舟蛾（*Stauropus fagi*）的毛毛虫在欧洲广泛分布，因看起来很像趴在树上的形状奇特的甲壳类动物而又被称为龙虾蛾。这些毛毛虫可以取食各式各样的森林树木，从枫树、栎树到柳树、椴木。它们最后会长成多毛的成蛾（外观看来比较像蚕蛾而非舟蛾），翼展可达 70毫米。

能用吸盘和液体分泌物黏附在叶子上，因此运动方式非常像蛞蝓。美国东南部的温带森林中生活着许多蛞蝓蛾（刺蛾），包括六星鞍刺蛾（*Acharia stimulea*）、褐巫刺蛾（*Phobetron pithecium*）和棘栎刺蛾（*Euclea delphinii*）。所有这些毛毛虫都有螫人的刚毛，伴有不同强度的毒液。

胡蜂杀手

蜂草螟（*Chalcoela pegasalis*）及其近亲煤翅蜂草螟（*Chalcoela iphitalis*）在长脚胡蜂属（*Polistes*）昆虫的纸质蜂巢中产卵，其毛毛虫以未成熟的胡蜂为食。这些草螟的后翅边缘有虹彩斑点，看起来像跳蛛的眼睛，这可能是为了转移攻击。微小的蛾茧在胡蜂巢的胞室内发育，紧挨着吃剩的猎物残骸。一个小胡蜂巢内可以产生几十只这种蛾。

ˇ 煤翅蜂草螟的幼虫时是长脚胡蜂属幼虫的捕食者；一个胡蜂巢内就可以产生许多这种蛾

« 小绿刺蛾（*Parasa chloris*）（左）与六星鞍刺蛾的毛毛虫，这两种刺蛾科的毛毛虫具有良好的武装配备——毒性与棘刺

Automeris io

玉米眼大蚕蛾
令人惊叹的眼斑

科	大蚕蛾科（Saturniidae）
显著特征	后翅有大型眼斑，雌虫前翅较雄虫颜色深
翅展	50～100毫米
近似种	其他眼大蚕蛾属的物种，例如路易斯安那眼大蚕蛾（分布于墨西哥湾海岸线）

　　玉米眼大蚕蛾又名孔雀蛾，它休息停栖时就像一片叶子，雄蛾前翅为黄色，雌蛾前翅为棕色，而后翅上隐藏着美丽的眼斑。如果受到惊吓，它便会向上翻动前翅，突然露出大小和亮度可与猛禽相媲美的"眼睛"，吓跑小型鸟类捕食者。这种防御行为是虚张声势，因为这种蛾类没有化学防御，也无法通过快速飞行来逃离。这种蛾类在成虫期不再进食，因为它们的喙已经大幅度退化了，成蛾只能存活一到两周。

繁殖习性

　　本种从美国哥斯达黎加到加拿大均有分布，根据所处地点的不同，它们可以连续繁殖或进入冬季滞育期。雄蛾会使用锯齿状的触角来定位雌性，并根据雌蛾产生的信息素追踪雌蛾。雌蛾大多数只在交配后才开始飞行，它可以产下大约300颗卵，每批次20～30颗，因此必须至少寻访10～15个产卵地点。

多刺且螫人的毛毛虫

　　玉米眼大蚕蛾的毛毛虫最初是棕色的，它们会成群结队地去啃食各式各样的植物，从栎树、桦树到柳树、樱桃树。随后它们变成绿色，身上带有白色和红色的糖果状条纹，并且独自取食。它们体内的毒素不是从植物中获得的，而是利用腺体自己生成的，这个腺体连接到注射器状的许多刺上，这种毒刺会造成强烈的刺痛感。成熟的幼虫会结出薄而结实的茧，而且会将叶子拉在一起来制造额外的保护，这样，具有隐匿性的蛹可以在严酷的北方气候中越冬或在长期干旱的环境中生存。

灵敏的触角

两性异形（雄性与雌性之间有差异）现象在玉米眼大蚕蛾和许多其他大蚕蛾当中不单单只表现在翅膀色彩上。例如，雄性的触角比较宽且具有较多感器，这使得雄性能够追踪雌性，根据其释放的信息素的模糊踪迹而定位到雌性的位置。

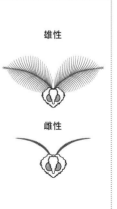

雄性

雌性

雄蛾（上）体型比较小，并且前翅的颜色比雌蛾更明亮，它们后翅的眼斑是由瓦片状的宽大鳞片以或鲜明或暗哑的颜色交互构成，这使得它们看起来色彩斑斓，在能反射紫外光的中央区有接近纯白色的鳞片，眼斑的黑色斑纹和翅面其他部位则覆盖着细长且窄的鳞片。

Paonias excaecata

盲眼天蛾

隐蔽的森林丝蛾

科	天蛾科（Sphingidae）
显著特征	后翅具有眼纹
翅展	55 ~ 95 毫米
近似种	全北界的眼天蛾属和目天蛾属（*Smerinthus*）物种，例如塞氏目天蛾（*Smerinthus cerisyi*）在北美洲分布与其重叠

　　盲眼天蛾以其每个后翅上的眼斑没有中央深色的"瞳孔"而得名，它分布于北美洲，从加拿大新斯科舍省到南部的不列颠哥伦比亚省，再到墨西哥北部，都有它的身影。

具有"眼睛"的枯叶模拟者

　　这种天蛾和目天蛾亚科（Smerinthinae）的其他天蛾有一些类似于大蚕蛾的特征：它们具有隐蔽性，前翅的颜色和形状会模拟干燥的叶子，作为森林的居民，它们的幼虫取食树木，而成虫不进食，并且飞得不会特别快。就像许多大蚕蛾一样，如果受到惊扰，它们并不会逃跑，而是依靠颜色鲜艳的后翅上面泛有虹彩的眼斑进行防御，它们会将眼斑暴露在外用来吓跑捕食者。

隐蔽的毛毛虫

　　盲眼天蛾的毛毛虫，就像其他天蛾的幼虫一样，因为最后腹节上具有角状刺突而被称为角虫，它们取食乔木和灌木，包括柳树、桦树和樱桃树。幼虫大多是绿色的，身上带有类似叶脉的细条纹，但末龄幼虫身上可能有鲜红色的斑点，类似某些树木，尤其是像野黑樱桃（*Prunus serotina*）在叶子下方生长的斑点，幼虫会紧贴在突出的叶片中脉上，在那里进食。它们不吐丝结茧，而是将自己埋在地下化蛹，有时还会以蛹的形态越冬。

众多之一

　　眼天蛾属（*Paonias*）仅包括四个物种，它是一群具有相似特征的更大种群目天蛾族（*Smerinthini*）的一部分，目天蛾族是目天蛾亚科的三个族的其中之一。

强而有力的腹足

具有隐蔽性的眼天蛾属与其他目天蛾属毛毛虫，会在寄主植物叶片下方觅食，它们会用身体后部强而有力的腹足握住叶子的中脉。

盲眼天蛾防御时会向捕食者露出后翅的眼纹

Ennomos magnaria

凹翅秋黄枝尺蛾

聪明的枝叶模拟者

科	尺蛾科（Geometridae）
显著特征	翅缘呈齿状，外形模拟一片叶子
翅展	43 ~ 60 毫米
近似种	分布于加拿大西南部的金肩秋黄尺蛾（*Ennomos alniaria*），以及一些欧洲的秋黄枝尺蛾（*Ennomos* spp.），例如秋黄枝尺蛾（*Ennomos autumnaria*）

　　凹翅秋黄枝尺蛾的形状和颜色像金色的秋叶，不同个体前翅上的黑点和细线不尽相同，是一种体型较大的尺蛾。在每年 7 月至 11 月的发生期会出现一个世代，从北美洲的大西洋海岸到另一端的太平洋海岸都有它的踪迹，从加拿大南部到西部的美国加利福尼亚州北部，再到东部的佛罗里达狭长地带是它们的分布范围。雪白色的榆秋黄尺蛾也出现在北美洲的同一范围内。

完美的树枝模拟者

　　本种会将卵产在寄主植物上并越冬，根据所处地区的不同，从 5 月到 8 月，孵化出的幼虫以桤木、白蜡树、椴树、桦木、榆树、山核桃树、枫树、栎树或杨树的叶子为食，它们会将叶片聚拢在一起形成一个松散的茧然后化蛹。年轻的幼虫是绿色的，但成熟时它们是所有毛毛虫中最好的树枝模仿者之一，基础色调从深绿色到灰色不一，一些体节连接处亦有类似叶子脱落疤痕的脊突。

鸟类的食物

　　尽管有伪装，但这些毛毛虫和其他尺蠖经常是许多鸟类饮食中的重要组成部分，也是捕食性胡蜂或寄生取食它们幼体的寄生蜂的重要食物组成部分。这是它们对生态群落的宝贵贡献（即使并不情愿），当然，足够的存活率也能够确保凹翅秋黄枝尺蛾的种群数量。

>> 位于缅因州的刚从蛹里新鲜羽化出来的凹翅秋黄枝尺蛾

缟裳蛾

Catocala fraxinii

蓝彩乍现

科	裳蛾科（Erebidae）
显著特征	后翅有蓝色斑带
翅展	90 ~ 112 毫米
近似种	北美白裳蛾（*Catocala relicta*）（分布于加拿大南部至美国亚利桑那州和密苏里州），翅腹面也有蓝色色彩

　　缟裳蛾静止时翅膀是平放的，后翅上醒目的蓝色色带被隐藏了起来，本种的英文俗名（Blue Underwing）即来源于此。受到干扰时它会煽动具有蓝色色带的翅膀，而在树皮低处休息时，具有伪装性的前翅便会令蛾体与树皮融为一体。

广泛分布的物种

　　所有的裳夜蛾都是高度警觉的蛾类，并且具有敏锐的听觉。这种物种的分布范围南北从日本延伸到俄罗斯，东西从中亚延伸到土耳其并且跨越整个欧洲。某些个体的前翅颜色较浅，几乎呈白色。这种蛾很常见，它们在白杨树和杨树（幼虫的寄主植物）生长的地方数量繁盛，它们喜欢温暖的气候，因此在北欧相对罕见。从 20 世纪 60 年代开始，由于林业结构的变化，例如用针叶林代替白杨和杨树，它曾在英国暂停繁衍过一段时日，但现在种群又恢复回来了。

伪装的幼虫

　　雌蛾产下的卵越冬，春季孵化出神秘的灰色或棕色毛毛虫。它们有着独特的扁平的腹部，看起来就像一根在纵向上被劈成两半的管子。它们很容易被误认为是树皮的畸形部位，因为它们的身体适合融入树皮缝隙，几乎不会突出并且大部分时间保持静止。它们将叶子聚拢在一起并在其间化蛹。蛹呈棕色，但由于蜡质的外层而呈现蓝色。成虫在化蛹后 3 到 4 个星期羽化。

嗜糖者

　　成虫的平均寿命约为 30 天，偶尔会更长。成虫会被含糖物质所吸引，例如树木受损部位渗出的汁液。所有的裳夜蛾属物种都是如此，这个属在全世界约有 250 种。

>> 缟裳蛾吸食从树木受损部位渗出的汁液，裳夜蛾属蛾类中，只有两个物种后翅有蓝色翅纹，它便是其中之一（另一种是北美白裳蛾）。缟裳蛾也是本属当中体型最大的蛾类

Cossus cossus

芳香木蠹蛾

肥硕而强壮

科	蠹蛾科（Cossidae）
显著特征	粗壮肥硕，具有细网状翅纹
翅展	68 ~ 96 毫米
近似种	某些其他蠹蛾，例如螺纹木蠹蛾（*Acossus terebra*）

　　芳香木蠹蛾的幼虫有山羊的气味，因此得名"Goat Moth"，它分布于欧亚大陆，能延伸至非洲北部，是一种结实粗壮、飞行时会盘旋的灰褐色蛾类。它是一种适应性很强的物种，幼虫藏在树木和藤蔓的活组织中取食并且受到保护。它的成虫不觅食，出没活动的季节因地区而异，在英国为6月至7月。

山羊味

　　雌虫会一次性地在树皮裂缝或落叶寄主树（例如柳树、杨树、桦树和栎树）的受损区域中产下一批卵。年轻的幼虫一开始在树皮下觅食，然后便会钻入木材深处，成长发育4到5年，长度达到100毫米。成熟时的幼虫变为鲜红色，头部呈黑色。它们会离开自己在木材中挖蛀的隧道并且在地下化蛹，或是留在寄主树内，在树皮下结一个茧，以便于成蛾破茧而出。

信息素陷阱

　　虽然森林里的树木通常可以承受幼虫的破坏，但有时也会发生严重的虫害，特别是在杨树种植园中，幼虫会摧毁园区。为了防止芳香木蠹蛾造成的树木损失，研究人员确定了它的信息素组成成分，以此设计信息素陷阱来监测其族群状况。

>> 芳香木蠹蛾的成虫可能会趋光，它们的幼虫体型庞大，身体呈红色，头部是黑色的，偶尔能看见它在地面到处爬行寻找化蛹的地方

Scoliopteryx libatrix

棘翅裳蛾

帅气的冬眠者

科	裳蛾科（Erebidae）
显著特征	狭长的前翅，后翅基部呈紫色
翅展	44 毫米
近似种	阿克苏棘翅裳蛾（*Scoliopteryx aksuana*）

　　棘翅裳蛾广泛分布于北半球的温带地区，主要在 6 月到 11 月活动。它的前翅具有独特的角突，停栖休息时会模仿一片枯叶。幼虫身体呈鲜绿色，体节之间有细黄线，主要取食柳树。它在寄主植物的叶子所包裹的茧里化蛹。

在洞穴内冬眠

　　在第一次霜冻过后，这种蛾往往会躲藏在凉爽、黑暗的地下庇护所和人造结构中，包括洞穴、矿井、地窖和谷仓。在洞穴中，它们一般停留在距离洞穴入口 10 米的范围内。在春季温暖的阳光下，它们从越冬地点离开，下一个世代会在秋季返回。这些蛾类也可能会在洞穴中夏眠来躲避盛夏的酷热。

实验用蛾类

　　在一项实验室研究中，人们发现在 5℃（接近它们在冬季洞穴隐居处的温度）时，这些蛾类在被捕获之后长达 14 个月的时间内仍能存活并且保持健康。它们长期休眠的现象吸引了研究人员的关注，人类研究了这些蛾类的脂肪体，发现这是一种由各种脂肪细胞组成的专门储存营养的特化器官，研究人员仍在探索它是如何逐渐代谢脂质和糖原的。通过研究这些不寻常的蛾类的化学感知系统，研究人员还发现了一种新型化合物：（6Z,13）—甲基烯二十碳烯。这是第一个使用这类化学物质作为性信息素的裳蛾案例。

>> 棘翅裳蛾常在洞穴和矿井内被发现，从秋季到隔年春天它们会在里面冬眠

MOTHS ON CONIFEROUS
& WETLANDS PLANTS

针叶林与湿地的蛾类

针叶林与水生栖息地

针叶林和水生栖息地看起来似乎不太可能成为各种蛾类的栖息地，但是只要有植物，就会有以它们为食的蛾类毛毛虫。

针叶林上的蛾类

有一系列的蛾类以针叶树为食，这些针叶树包括冷杉、云杉、北美落叶松、铁杉、落叶松和其他各种松树，它们是苔原以南的北方森林的特征，但也散布在每个生物群落当中。许多其他蛾类以分布更往南的松树为食，例如美国佛罗里达州的长叶松、地中海南部地区的阿勒颇松，或干旱栖息地的刺柏和雪松，以及沼泽地的柏木。在南半球，蛾类取食的针叶树包括南洋杉属（Araucaria）树种、某些红豆杉与罗汉松科（Podocarpaceae）植物，例如沼银松或泣松。

仅在新大陆就已知有近800种蛾类的幼虫以针叶树为食，其中有500多种是专门以此为食且体型相对较小的蛾类。一些较大的蛾类也与针叶树有密切联系，例如欧亚大陆的松红节天蛾（Sphinx pinastri）、美国西南部的潘多拉大蚕蛾（Coloradia pandora）

︿ 全世界针叶林生物区系分布图

‹‹ 瑞典拉普兰地区的针叶林和湿地。世界各地的这两种栖息地类型是各式各样蛾类的居住所，湿地环境的蛾类多样性更出人意料

从非洲西北部延伸到西伯利亚中部都有松红节天蛾分布，其毛毛虫在很高的松树顶上觅食，但是最终将会沿着长长的树干爬下来到地面掉落的松针中化蛹

或南美洲南部南洋杉树上的南洋杉德大蚕蛾（*Dirphia araucariae*），以及从爪哇岛和加里曼丹岛到日本均有分布、以罗汉松属（*Podocarpus*）和陆均松属（*Dacrydium*）植物为食的美丽的日行性飞蛾橙带蓝尺蛾（*Milionia basalis*）。针叶树偶尔也可能成为许多毛毛虫的宿主，例如尺蠖，在暴发期间它们只以这类植物为食。

水生栖息地

所有针叶树都有一些相似之处，都是松目植物的一部分，但相对的水生植物变化则很大。与水有关的植物群可能会非常不同，并且出现在不同水深之处，相应的也有以它们为食的蛾类。例如，睡莲塘水螟（*Elophila gyralis*）专门取食漂浮的睡莲，其他像是澳大利亚池水螟（*Hygraula nitens*）则以菹草、大叶藻或黑藻（*Hydrilla*）等完全沉水植物为食。有些蛾类的毛毛虫会以潮湿岩石上的藻类为食，其中，生活在夏威夷的约350种夏威夷尖蛾属（*Hyposmocoma*）小蛾中的12种，其幼虫生活在由丝和碎屑制成的壳巢里，其中一种蛾类还能以蜗牛为食。

虽然溪流、河流、湿地及其周围的一些湿地蛾类完全是水生的，并且能在水下生活和呼吸，但其他一些是半水生的，没有特殊的适应能力。此外，某些物种，例如瓶子草夜蛾（*Exyra semicrocea*），能专门取食湿地栖息地的特有植物；或者像落羽杉黄卷蛾（*Archips goyerana*），取食那些植根于溪流、河床或潮湿土壤的众多乔木、灌木和草本植物。许多蛾类，包括天蛾，也会从森林迁徙到湿地寻找花蜜，同样也增加了水生栖息地蛾类群落的多样性。

选择针叶树

大多数鳞翅目昆虫与开花植物共同进化，在取食花蜜的同时传播花粉来帮助植物授粉。许多蛾类物种随后也发展出了取食发育中的球果、树皮或针叶的能力，成了各种各样专食性或广食性的蛾类。

克服针叶的防御机制

所有针叶树都受到各自的保护性植物化学物质与树脂的保护。在罗汉松科中，仅罗汉松属（*Podocarpus*）就包括了约100种乔木和灌木，但已知只有6种蛾类，主要是尺蛾科幼虫在南美洲以罗汉松为食。雄伟的智利南洋杉曾在南美洲广泛分布，它们含有强大的酚类化合物，可以阻止许多昆虫攻击它们。而来自太平洋、澳大利亚和中国的红豆杉家族的成员，因含有名为紫杉烷的生物碱同样能抵御大多数昆虫的攻击。以针叶树为食需要特殊的适应性，这种适应性在整个鳞翅目昆虫中都是零星进化的，而且，正如其他地方发生的那样，一旦毛毛虫发展出一种能克

↖ 有些蛾类物种能够高度适应取食有化学防御的南洋杉属树种，例如在巴西东南方阿帕拉杜斯－达塞拉国家公园（Aparados da Serra National Park）伊泰恩贝济纽峡谷（Itaimbezinho Canyon）的这些南洋杉

≪ 短叶红豆杉（*Taxus brevifolia*），或称太平洋紫杉，原产于北美洲太平洋西北地区，也是一些能够忍受其化学物质的蛾类幼虫的食物

服植物防御性化学物质的生化能力，甚至利用那些防御性化学物质来保护自己，它们就会成为专食性物种。在数百万年的共同进化过程中，这个过程反复发生，创造出了无数新物种。

小型的专食性物种

如果能够克服针叶树的防御，小型蛾类似乎比大型蛾类更有可能专食针叶植物。它们可以潜入一根针叶内进食，在发育中的球果和芽上生成丝网，甚至可以钻透球果外皮或树皮。在新大陆，它们中有许多是麦蛾科（Gelechiidae）、巢蛾科和卷蛾科的蛾类。当一个物种成功克服针叶树的防御然后分歧成许多新物种时，就会发生偶发的辐射演化（新物种的快速进化）；超过 20 种微小的松细蛾属（Marmara）蛾类、将近 80 种松树

树皮色的梢斑螟属（Dioryctria）蛾类和大约 9 种具有松果图案的松优卷蛾属（Eucopina）蛾类，都是此类物种形成事件的案例。一些以针叶树为食的小型蛾类还包括尖蛾科的食虱尖蛾（Coccidiphila silvatica），它的翼展只有 7 ~ 8 毫米。这种蛾的幼虫以喜马拉雅山地区的松树为食，但它同时也是肉食性的，会取食粉虱。

❧ 79 种梢斑螟属的螟蛾长相非常相似，难以辨别。在英国，冷杉梢斑螟（Dioryctria abietella）和异色梢斑螟（Dioryctria simplicella）的幼虫取食松树的球果、枝条和芽

可怕的东部云杉色卷蛾

右图的东部云杉色卷蛾（Choristoneura fumiferana）和西部云杉色卷蛾（Choristoneura freeman）是同一个大属（在世界各地分布着 40 多个物种）中的成员，也是云杉和香脂冷杉上主要且治理代价高昂的害虫。它们更喜欢开花的树木，因为芽苞中富含花粉蛋白。科学家们现在可以通过研究附近湖泊的沉积物来确定几个世纪前暴发的虫害的规模，因为在这些沉积物中，蛾类翅膀上的鳞片保存良好。鸟类捕食通常可以防止东部云杉色卷蛾的数量激增，例如加拿大威森莺和金冠戴菊等物种消耗了 80% 以上的色卷蛾蛾卵和幼虫。拟寄生物也有助于控制蛾类种群数量。2020 年的一项研究确认了 9 种寄蝇和 27 种寄生蜂会攻击东部云杉色卷蛾的幼虫，这也说明了健康的生物多样性在任何一个生态系统中对于维持害虫种群平衡的重要性。

破坏木材与钻木蛀食者

大多数蛾类无法在活的针叶树木材内取食，部分原因是树脂和其他强力化学物质。少数会蛀食针叶树木材的蛾类毛毛虫已经进化出了克服这些树木的化学防御的能力，包括专门钻食取用松树树皮的美西南松木蠹蛾（*Givira lotta*），以及能钻进树干中的透翅蛾科的松兴透翅蛾（*Synanthedon pini*）。

瓜分战利品

松带卷蛾（*Argyrotaenia pinatubana*）又名松管蛾，顾名思义，它的幼虫会将针叶挖空成管，它们偏爱美国东北部和加拿大的北美乔松。另一种卷蛾——宿主色卷蛾（*Choristoneura houstonana*），会形成丝质管，并且仅以北美沙地柏（*Juniperus ashei*）的叶子为食。在整个欧亚大陆，松线小卷蛾的暴发会严重破坏各种针叶树，因为其幼虫会四处移动，攻击大量的针叶树，留下丝网和粪粒。大暴发现象本质上是周期性的，种群周期性增加，随后，病毒、其他天敌或可获得的食物变少等因素会使种群数量减少。欧亚小卷蛾（*Cydia duplicana*）的幼虫以松树树皮为食，但仅在受损树皮附近或真菌攻击过的地方取食，据推测，它可能是从受伤部位产生的化学物质中获取营养，而不是从树皮本身获得。

从袋子里爬出来生活

　　最奇怪但伪装得最好的毛毛虫之一是顿袋蛾。这一杂食性的毛毛虫分布于美国东部，住在小巢袋中，它们会用许多寄主植物的树枝和其他绿色植物建造这样的小房子。刺柏是这种袋蛾最爱的寄主植物之一，即使在不太可能的栖息地环境里刺柏也经常受到袋蛾攻击，例如在城市景观中，这些圆锥形的常绿树木被用作观赏植物。袋蛾幼虫会用植物材料碎片装饰巢袋并住在里面，巢袋的长度可达60毫米。幼虫在感觉到危险时可以关闭巢袋，其目的主要是避开寄生蜂和捕食者。雄性会从这个保护性的住所里羽化出来并且去寻找像蠕虫一样的雌性，雌性则会留在袋子里并释放信息素。

　　顿袋蛾是袋蛾科最著名的蛾类之一，该科有分布在世界各地的1300多个种，其中包括许多体型小且稀有的蛾类。一种与之相似的澳大利亚物种是窠蓑蛾（*Clania ignobilis*），它的幼虫会攻击澳柏属植物。

ᐱ　顿袋蛾在幼虫时期会吐丝编织一个茧，并且用植物性材料做装饰，因此茧的外观取决于寄主植物的种类

ᐳᐳ　顿袋蛾的雄性成虫（右）外观像熊蜂，而雌性成虫（右上）像蛆，并且没有翅膀和其他附肢

ᐸᐸ　松线小卷蛾可以在各式各样的针叶树上成长发育

≪≪ 欧洲落叶松鞘蛾的幼虫会挖空寄主植物的针叶，住在被挖空的鞘壳中

↘ 这是来自澳大利亚的银星裳蛾，它的颜色和形状使得它在寄主植物柱状美丽柏上可以很好地藏起来

↘ 硫色菌卷蛾是澳大利亚一些能够克服针叶树防御物质的卷蛾之一，它们的幼虫能够在澳柏属树种的树皮内挖隧道

潜食针叶树的针状叶

欧洲落叶松鞘蛾（*Coleophora laricella*）所在的属包含 1000 多种小型蛾类，占鞘蛾科所有物种的 95%。刚孵化出来的欧洲落叶松鞘蛾幼虫通过卵的底部穿透落叶松或北美落叶松的松针，在针叶内挖掘取食，借此避免外部危险并度过几个龄期。当毛毛虫变得比较大时，它会用丝和空心的针壳做一个巢鞘。落叶松鞘蛾于 19 世纪末从欧洲引入美国，此后蔓延到许多落叶松林里，经常破坏、削弱树木，使这些树更容易受到树皮甲虫的侵扰。

澳大利亚与新西兰的松树

在澳大利亚和周围的岛屿，有 16 种澳柏属植物都是柏科（Cupressaceae）的成员并且是澳大利亚和新西兰特有种，它们占据着与北半球针叶林类似的生态位。由于具有中间型外观因而被称为柏木，仅在澳大利亚，它们就占据了将近 2 万平方千米的土地。

澳柏属植物是许多蛾类的寄主植物，包括最近发现的一种非常不寻常的蛾类物种，它已经成为一个全新的蛾类大家族的基础成员。谜蛾（*Aenigmatinea glatzella*）在 2015 年首次被描述，它在南澳大利亚海岸外的坎加鲁岛上被发现，是一种口器高度退化的原始物种。其幼虫以细枝澳柏（*Callitris gracilis*）为食，并挖食其树皮。硫色菌卷蛾（*Tracholena sulfurosa*）会在包括澳柏属植物在内的各种针叶树的树皮内挖洞。长相奇特、体表如生锈般有着棕色、白色和黑色图案的银星裳蛾（*Meyrickella torquesauria*）以柱状美丽柏（*Callitris columellaris*）为食。

智利南洋杉上的蛾类

有几种蛾类的幼虫以南洋杉属的树木为食。南洋杉高度可达 76 米，生长在澳大利亚及其周边地区以及包括智利在内的南美国家，其中智利南洋杉（*Araucaria araucana*）是智利的国家象征。

食杉小潜蛾（*Araucarivora gentilii*）被发现于阿根廷和巴西，是该属的唯一成员，属于古老的小潜蛾科。正如它的属名所暗示的那样，这种小蛾的毛毛虫只以南洋杉为食，由于体型很小所以整个生活史周期（包括化蛹）都在幼虫所挖掘的一根针叶内。而比该种大几千倍的南洋杉德大蚕蛾的毛毛虫取食巴拉那松（*Araucaria angustifolia*）的针叶，它在针叶里能完美地伪装起来，因为它身体上的刺棘与条纹状的图案及颜色能模仿寄主植物的针叶。

↱ 南洋杉德大蚕蛾是这个属47个物种当中的一种，它隶属大蚕蛾科，在巴西其幼虫取食巴拉那松的针叶

↞ 现存的南洋杉属植物的球果，与侏罗纪中期的化石球果在外观上非常相似，这显示出该树木属的古老起源

针叶林中的大蚕蛾

蚕蛾总科（Bombycoidea）的大蚕蛾、天蛾和近缘类群中有许多专门取食针叶树的壮观的大型蛾类。例如，大蚕蛾中 14 种科罗拉大蚕蛾属（Coloradia）或 27 种红节天蛾属（Sphinx）蛾类中的许多都与松树有关，但它们都具有独特的地理和生态偏好。其幼虫身上通常有绿色条纹，可以很好地在针叶间伪装起来，而成虫的前翅颜色和松树皮很像，往往能与松树皮很好地融在一起。

落叶松属与松属植物上的大蚕蛾

哥伦比亚窗大蚕蛾（Hyalophora columbia）发生期在 7 月至 9 月，分布范围为从美国纽约到加拿大东北部，因为其幼虫以落叶针叶树北美落叶松（Larix laricina）为食，因此也被称为落叶松大蚕蛾。这种蛾有几乎达 100 毫米的庞大翼展，它还有一个非常相似的亚种——哥伦比亚窗大蚕蛾格洛弗亚种（Hyalophora columbia gloveri），其幼虫在其他地方以各种非针叶植物为食，但是很难在落叶松上生长发育。这可能是取食落叶松的饮食特性导致新的独立物种形成的一种迹象，是由哥伦比亚窗大蚕蛾选择寄主植物所引起的。

松角恶魔大蚕蛾（Citheronia sepulcralis）得名于其毛毛虫身上的角状突起，这种巨大的、呈灰褐色的毛毛虫以松针为食。与取食阔叶树且更知名的近缘种棉斑犀额蛾有所不同，松角恶魔大蚕蛾的毛毛虫看起来并不吓人，它在生命的各个阶段都依赖保护色。

<< 这只哥伦比亚窗大蚕蛾的毛毛虫来自新墨西哥州的马格达莱纳山脉（Magdalena Mountains），属于北美洲西部的亚种，它们取食落叶性植物的叶子，而与之几乎长得一模一样的美国东部亚种则取食针叶树

>> 松角恶魔大蚕蛾的毛毛虫具有隐蔽性，在美国东部它们取食各种各样的松树，主要生活在海岸带栖息地，雌蛾一次会产下两到三颗卵，幼虫在一周后孵化，成熟后的幼虫体长可达到约100毫米，然后在地下化蛹

毛毛虫盛宴

　　几个世纪以来，毛毛虫一直是美国加利福尼亚人传统且重要的、可持续利用的主食，他们像昆虫学家一样通过在寄主树下寻找幼虫粪粒来寻找毛毛虫。他们会在 6 月中旬探寻高大的加州黄松，如果看到粪粒，他们就会在潘多拉大蚕蛾的大型幼虫成熟时返回，在树周围挖沟以收集准备从树上爬下来化蛹的幼虫。根据 1921 年的一份记录，单单一个大家庭在一次"毛毛虫丰收年"（意指"毛毛虫大暴发的年份"）便能收集到 1.5 吨的毛毛虫，这种情况每 20 到 30 年发生一次。人们将富含蛋白质和脂肪的毛毛虫置于用燃烧的木材预热的沙堆中煮熟，然后可以储存长达两年，随时烹煮和食用。

　　潘多拉大蚕蛾的发育周期超过两年，它们以部分成熟的毛毛虫的形式成群越冬。而分布在加利福尼亚州东部的近缘种卢斯克松大蚕蛾（*Coloradia luski*）仅在进食一年后就以蛹的形式越冬。1992 年，一种有着黑色翅膀的科罗拉大蚕蛾属物种普尔哈尔松大蚕蛾（*Coloradia prchali*）首次在墨西哥北部被描述记载，它在西马德雷山脉的松栎林中以各种松树和刺柏为食。

∧ ≪ 潘多拉大蚕蛾（上）和它的毛毛虫（左下）。从美国加利福尼亚州往东至得克萨斯州，往北至华盛顿州，这种蛾都有分布。它的成熟幼虫在加利福尼亚州取食加州黄松，几个世纪以来数量一直非常庞大，对美洲原住民而言它们曾经是一种重要的食物

松树上其他蚕蛾总科的成员

在以松树和云杉为食的其他蚕蛾总科物种当中，欧洲松毛虫（*Dendrolimus pini*）在偶尔暴发期间可以令针叶林的针叶全部剥落。这种蛾类毛茸茸的而且呈灰色，前翅上有巧克力棕色的斑纹。雌蛾在寄主植物的树皮上产下一堆卵，幼虫孵化后一开始聚在一起进食，稍长大后便会散开各自取食针叶。在美国东北部和加拿大各地，北美驼枯叶蛾（*Tolype laricis*）的幼虫是一种黑白相间的毛茸茸的毛毛虫，以各种针叶树为食，其成虫在夏末成熟活动。

这是传统日式稻草带，日语中称为"komomaki"。它被包裹在松树树干上以捕捉啃食松树的害虫，能令害虫在稻草内化蛹而不是沿着树干爬到地面化蛹。这是一种防治虫害的方法。随后，稻草带在春季成虫羽化之前被烧毁。昆虫学家也会用类似的方法来获得松红节天蛾标本。

在欧洲和亚洲的一些地区，欧洲松毛虫的幼虫常常将针叶树的全部叶子吃光

在针叶中活动的尺蠖与拟尺蠖

在美国东北部的新英格兰地区及其周边地区，有数十种尺蠖和夜蛾在针叶树上被记录到，它们中的有些只取食松科和柏科的植物，有些则是杂食性的，只是偶尔以针叶树为食。那些专门吃针叶树的蛾类毛毛虫身上往往是绿色的，有一道白色条带，可以巧妙隐藏在寄主植物上，而那些有较广泛食性的蛾类幼虫则往往长得像树枝。

针叶树上的尺蛾

23 000 种尺蛾科蛾类当中的许多物种都是高度杂食性的，其中有些以针叶树等植物为食，而另一些则已经成了专食性蛾类。在北美洲东部，这些尺蛾包括某些以其绿色的体色被命名的内莫尺蛾（*Nemoria* spp.，也叫绿宝石蛾）、长得像树皮的涅尺蛾（*Hydriomena* spp.），以及球果尺蛾（*Eupithecia* spp.）。莫里森佩罗尺蛾（*Pero morrisonaria*）的毛毛虫会取食各种冷杉和一些阔叶树，这种蛾类成虫像枯树叶，而幼虫则像树枝，它们的外观各不相同，但目的都是愚弄那些已经发展出猎物搜寻模式的鸟类。以斯帖松尺蛾（*Hypagyrtis esther*）的幼虫取食松树，其成虫模仿枯叶十分逼真，你很难发现停在地上的它们。松漪虹尺蛾（*Iridopsis cypressaria*）是众多呈白色且双翅平展的蛾类之一，它的颜色能与树皮上的地衣融合在一起，然而与同属的其他 20 个成员不同，它是专食针叶树的蛾类。

>> 小眼夜蛾（*Panolis flammea*）广泛分布于欧亚大陆，其幼虫取食针叶树

ˇ 新大陆地区已知有165种尺蠖取食针叶树，以斯帖松尺蠖的幼虫是其中一种。这些尺蠖当中有70种是专食性的蛾类

在松树当中游行

与前文（第 193 页）中提及的其他会列队游行的蛾类幼虫一样，南欧的松舟蛾（*Thaumetopoea pityocampa*）的幼虫也会首尾相接成群四处移动。它们共同生活在松树上，以针叶为食，并策略性地将丝巢安置在保温的地方来进行温度调节，即使在寒冷的日子里丝巢内也十分温暖。除了适应群居生活外，它们还会在外出觅食时留下化学痕迹，以便找到回巢的路。松舟蛾的毛毛虫能将松树的松叶全部吃光，有时也会侵害落叶松。

➤➤ 松舟蛾的巢

夜蛾与相关蛾类类群

夜蛾及其近缘种有 12 000 多种，种类繁多，分类学家几乎总是不断地将它们重新分类为不同的科和亚科。它们大多数是小型的、棕色的、飞行速度很快的蛾类，幼虫体表通常很光滑，俗称地老虎。例如从西班牙到北极圈均有分布的小眼夜蛾，其幼虫身上有绿色条纹，可以有效地将自己隐藏到针叶树叶子当中。这种小型蛾类在春天开始活动，以便成群的毛毛虫可以食用松树上新鲜的针叶和其他树木的嫩叶。从加拿大南部到新墨西哥州均有分布的另一种夜蛾——奥锌纹夜蛾（*Syngrapha abstrusa*）以云杉和北美短叶松为食，而它的近缘种锌纹夜蛾（*Syngrapha rectangula*）则喜欢将黄杉、香脂冷杉、铁杉和云杉作为寄主植物。

蕨类、地衣与苏铁上的蛾类

早在针叶植物和被子植物出现之前，蕨类植物、地衣（由真菌和藻类或蓝细菌形成的共生体）和苏铁就已在地球上出现。因此，一些蛾类的幼虫已经适应并能够以它们为食就不足为奇了，尽管这些植物通常具有毒性。

取食地衣的蛾类

裳蛾科灯蛾亚科的苔蛾族有 2700 多种蛾类，其毛毛虫经常以生长在树皮、岩石和石头上的地衣为食。地衣会产生防御性酚类化合物，以它们为食的毛毛虫可以将这些化合物积累在体内，这些化合物可以为这些色彩鲜艳的蛾类提供一些化学保护和新颖的信息素。除了此处介绍的美苔蛾属和猩红苔蛾属（*Hypoprepia*），另请参阅东方巴苔蛾（第 102 页）。

苏铁上的蛾类

回声灯蛾是一种罕见的蛾类，它的幼虫以苏铁为食。苏铁是与针叶树有亲缘关系的原始裸子植物，但比针叶树要古老得多。苏铁体内含有强效的保护性氰化物，因此很少有昆虫能以它们为食，但在美国佛罗里达州，回声灯蛾已经发展出针对苏铁进行解毒的能力，此外它还能以泽米铁和其他泽米铁属植物（*Zamia* spp.）为食。

食蕨蛾类

佛州散纹夜蛾（*Callopistria floridensis*）的毛毛虫是众多能以蕨类植物为食的蛾类之一，这些是通过孢子繁殖的原始植物。

❯ 小猩红苔蛾（*Hypoprepia miniate*）是分布于北美洲的猩红苔蛾属中一群相似的蛾类复合群中的一员，鲜艳的颜色代表着它们的幼虫从地衣（大多数是生长在松树上）获取防御性化合物并且传递到成虫

<< 朱美苔蛾（*Miltochrista pulchra*），该属成员超过50种，从俄罗斯远东地区和日本一直到朝鲜半岛以及中国云南省均有本种分布。它是被称为"地衣蛾"的许多蛾类之一，幼虫偏好取食地衣，在英文中被称为 footmen，意即步兵，该名称来自其成虫休息停栖时的姿态

>> 分布于美国东部的回声灯蛾的毛毛虫取食泽米铁，它是该属唯一的成员，其幼虫也可以在其他植物上成长发育，但比较偏好泽米铁，一种在佛罗里达州很受欢迎的园艺植物；回声灯蛾是极少数能够解除苏铁苷（cycasin）毒性的物种之一，这种有毒的葡萄糖苷常见于泽米铁和其他苏铁类植物中

˅ 佛州散纹夜蛾（*Callopistria floridensis*）的毛毛虫是能够克服蕨类化学防御物质的物种之一，这些化合物包括原花青素（缩合鞣质）等

生活在水中与水域周边的蛾类

　　潮湿栖息地的蛾类群落组成相当复杂，因为生活在池塘、溪流、河流和湿地内或周围的众多物种有着截然不同的需求。真正的水生蛾类，其幼虫能在水下呼吸，尽管在世界各地已经有800多种已知蛾类能做到这一点，但放眼整个蛾类家族，仍是极少数的，而且它们身上可能还有更多的生物学特性有待描述。不管这些蛾类如何利用湿地植物，它们都在各自的生态系统中发挥着重要的作用，如果没有它们，那些在湿地繁衍生息并且吸引了众多自然爱好者的鸟类，将会遭受到相当巨大的打击。

水下的蛾类

　　原产于欧洲并且在北美洲也有分布的菖草水草螟（*Acentria ephemerella*）不仅其幼虫是水生的，大多数的雌性成虫也生活在水下，浮出水面只是为了交配。然而，在大多数的水生蛾类成蛾中，雌性和雄性都是陆生的，而幼虫则是在水下发育。某些水生蛾类的幼虫，例如澳大利亚池水螟幼虫，可以通过鳃呼吸，它们的鳃是毛发状的细丝，是气管系统的延伸，能够从水中吸收氧气并将其运送到血淋巴中。在北美洲，多型筒水螟（*Parapoynx maculalis*）的雄蛾是雪白的，身上带有黑色图案，而雌蛾则是暗灰色的。筒水螟属（*Parapoynx*）包括了近60种被描述的物种，其中大多数蛾类具有能水生的幼虫，它们发育出了鳃而且以各种水生植物为食，并且偏爱睡莲。在欧洲，类似的环纹筒水螟（*Parapoynx stratiotata*）可以用11种不同的水

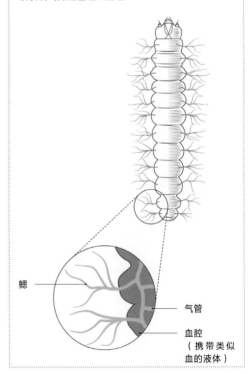

具有鳃的水生种类

有些水生的蛾类物种（例如澳大利亚池水螟）具有鳃，这一结构是向外分枝生长的气管，能会从水中吸收氧气并运输给血淋巴。

鳃

气管

血腔
（携带类似
血的液体）

生植物饲养，其发生期为 5 月到 9 月（在英国南部为 6 月到 8 月）。

其他水生策略

有些物种能建造管状叶，既能在自身周围形成气泡，又能隐藏自己躲避捕食者。间塔小翅蛾属（*Epimartyria*）有半水生的毛毛虫，那是一类小型、原始且翅膀上带有金属光泽的蛾类幼虫，它们的表皮上有微小的凸起点（micro papillae），以使它们的外表面留存一层薄薄的空气，如此在北美洲林地沼泽和沟渠的自然栖息地内，它们能够在水浸区域短暂地度过一段时间。夏威夷尖蛾属的蛾类毛毛虫可以生活在陆地上，也可以生活在氧气充足的溪流中，并附着在岩石上；但它们在静水中可能会死亡。据推测，它们可以通过皮肤呼吸。该属的幼虫在古老的夏威夷火山岛链中已经分化出了 350 多个物种，它们

生活在袋状结构中，袋状结构上装饰着细小的沙粒，由丝线连接在一起。大约有十几个物种的幼虫能以生长在水下潮湿岩石上的藻类为食，但如果水位下降，它们也能轻松地在水面上完成生长发育。值得注意的是，毛伊岛和莫洛卡伊岛的一种夏威夷尖蛾属物种夏威夷食蜗尖蛾（*Hyposmocoma molluscivora*）已经将软体动物加到了它的食谱中，成为一种掠食性的食肉动物。

↖ 蓍草水草螟的毛毛虫直接透过表皮吸收水中扩散的氧，因而能在水里呼吸

↖ 蓍草水草螟雄虫是陆生的并且有翅膀（如图所示），而雌虫没有翅膀，并且是水生的

>> 睡莲塘水螟的毛毛虫取食睡莲时会在叶片上咬洞，它们也会用叶片碎屑制造囊袋状的巢并在巢内游泳，保持家中良好的氧气供应

Y 睡莲塘水螟的成虫外形有一定程度的变异，其前翅颜色可以以有花纹的巧克力色调（如图所示）到几乎没有花纹的橘色或灰色

在水中移动

虽然水生的雌性菁草水草螟会把腿部边缘的长毛当作桨用以在水中划行推进，但水生和半水生的毛毛虫都没有发展出能帮助它们划动或游泳的特殊适应性；大多数水生的毛毛虫仍像陆生物种一样，使用胸足和带有趾钩的腹足来四处移动，通常出现在它们取食的植物上。具有翅膀的水生物种成虫在刚羽化后可以短暂地游泳，但它们必须在飞翔之前晾干翅膀。一些水生的雌蛾没有翅膀；有翅膀的雄蛾会飞来与它们交配。

寻找水生植物

虽然被认为真正属于水生蛾类的动物类群比例相对较小，但是与水生寄主植物相关的蛾类在数量上要多得多。归根结底，吸引蛾类的不是水，而是丰富的植物资源。睡

莲塘水螟（*Elophila gyralis*）的水生幼虫以睡莲叶为食。在同一栖息地，近缘的莲塘水螟（*Elophila obliteralis*）的毛毛虫能以 60 多种不同的水生植物为食，例如黑藻（*Hydrilla verticillata*）、大藻（*Pistia stratiotes*）。澳大利亚池水螟的毛毛虫也取食很多种水生植物，包括各种眼子菜、水蕹和非本土的黑藻。岩水螟属（*Petrophila*）的水生毛毛虫生活在溪流中的丝网内，以岩石上的藻类为食，可以在靠近水体附近的花朵上找到这些物种的成虫，它们的后翅上有类似跳蛛的图案。

⚘ 一些蛾类物种已经能够在瓶子草属植物内适应危机四伏的生活，并以此为食

⚐ 从美国佛罗里达州到北卡罗来纳州，向西到得克萨斯州，都有瓶子草夜蛾分布，它们会待在寄主植物内消磨时光

取食食虫植物

　　瓶子草夜蛾是北美洲三种勇敢的蛾类之一，它的幼虫以肉食性的瓶子草（*Sarracenia*）为食。这些植物生长在美国得克萨斯州、东海岸和五大湖区的沼泽、泥塘和湿草地中，它会将昆虫吸引到捕虫笼状的叶子中，叶子中强力的酶可以帮助消化这些猎物。瓶子草夜蛾的毛毛虫在狭窄的漏斗内行走，身上有特化的延伸突起，上面长着坚硬的刚毛，可以防止自己掉落得太深。幼虫还会留下一根丝线，以便将自己拉回漏斗中。它们会在捕虫笼里的一堆干涸死掉的猎物遗骸下面度过冬天（植物不产生酶时），然后在一株新鲜的、未被破坏过的瓶子草中化蛹，钻入它的茎中并结一个松散的茧。具有特化结构的前跗节爪使它们能够紧贴漏斗内壁，成虫可以在植物中度过好几天。瓶子草夜蛾的分布范围目前已经缩减了，因为生长着瓶子草的沼泽面积减少了，佛罗里达州中北部的大部分地区已经不再有这种曾经常见的栖息地了。

湿地的蛾类

除了作为鱼类、青蛙、鸟类、蝙蝠和水生食肉昆虫（如水虫和蜻蜓）的食物外，许多蛾类有时候还是生长在湿地中的花卉的重要且独特的传粉者。整个生物群落都可以与这些生态系统相关联，包括那些在花朵盛开时被花蜜吸引的飞蛾。

伴水而居

许多飞蛾专门捕食多种植根于沼泽或被水淹没的沿海沙地上的植物，这些植物有时会形成茂密的林带。许多种蛾类会利用大西洋沿岸大片的米草，包括双条长须裳蛾（*Macrochilo bivittata*）和路易斯安那眼大蚕蛾。在北美洲北部的沼泽地中，加拿大松天蛾（*Sphinx canadensis*）的幼虫以黑桦为食，而成虫则可能会四处迁飞寻找花蜜。

兰花盗蜜者

蛾类在湿地生态系统中十分重要的一个例子，就是美丽而濒临灭绝的幽灵兰

<< 此图拍摄于哥斯达黎加的红树林沼泽，图中是条纹优天蛾，它的毛毛虫喜爱湿地植物，例如毛草龙

↗ 美国佛罗里达州南部法喀哈契沼泽（Fakahatchee Swamp）里的幽灵兰花朵

>> 美国佛罗里达州南部的榕天蛾（*Pachylia ficus*）被观察到会造访幽灵兰，它的长喙足以抵达花朵深处并获取花蜜；随后兰花的花粉块会黏附在它的头部或胸部

（*Dendrophylax lindenii*）。它因 1994 年的书和 2002 年的电影《兰花小偷》（*The Orchid Thief*）而闻名。这种物种的花朵在美国佛罗里达州的法喀哈契沼泽中盛开，有时只绽放一个夜晚，它通常远远高于水面，并且附着在柏树上。这种兰花由天蛾授粉，天蛾可以将长长的喙伸入花中并从其花距中获取花蜜。最近来自陷阱摄像机的照片表明，这种兰花的花粉块会附着在这些蛾类的头部或胸部，然后被带到另一朵兰花上。

弗雷德线

新西兰的泥炭沼泽里栖息着很可能是世界上最细的蛾类毛毛虫——灯芯草细麦蛾（*Houdinia flexilissima*），它也被称为弗雷德线（Fred the Thread），属于蛙蛾科，于 2006 年首次被发现。完全成熟后的毛毛虫体长约 20 毫米，宽度仅为 1 毫米，生活在灯芯草（*Sporadanthus ferrugineus*）的茎内。灯芯草细麦蛾的种名 flexilissima 反映了它在进食时操纵身体灵活通过植物茎的非凡能力。与潜蛾性蛙蛾科的其他成员一样，灯芯草细麦蛾的成蛾呈褐色，体型也很小，它精致的羽毛状翅膀展开时只有 12 毫米宽。

湿地的蛾类调查

曾经与目前正在进行的几项对世界各地湿地蛾类的调查表明，这些生态系统对蛾类保护至关重要。例如，在克罗地亚的米尔纳河及其支流沿岸的潮湿的莫托文森林中，进行了一项为期三年的调查，共发现了 400 多种蛾类。在佛罗里达州大型淡水沼泽佩恩斯草原的一项持续调查中，截至目前已经发现了 1000 多种蛾类。

Graellsia isabellae

西班牙月蛾

宛若彩绘玻璃窗的翅膀

科	大蚕蛾科（Saturniidae）
显著特征	翅膀为绿色，翅脉相对应位置上有条纹，后翅有尾突
翅展	65 ～ 100 毫米
近似种	绿尾大蚕蛾和其他尾大蚕蛾属物种

西班牙月蛾因其翅膀上具有的彩色框状脉络而又被称为"彩色玻璃蛾"，它分布在西班牙和法国，是欧洲最奇特的物种之一，曾出现在多部电影中，包括费利普·弥勒（Philippe Muyl）于 2002 年执导的电影《蝴蝶》（*Le Papillon*）。西班牙月蛾分布在法国阿尔卑斯山和比利牛斯山脉以及其他西班牙山区的海拔 152 ～ 550 米之处。

生活史

这种大蚕蛾的雌蛾在欧洲赤松（*Pinus sylvestris*）和欧洲黑松（*Pinus nigra*）上产卵，每次产下几枚，总共能产下多达 150 枚卵。幼虫最初为灰棕色，呈细枝状，会取食坚硬的成熟针叶，在长达两个月的时间里逐渐成熟，体色变成隐蔽的绿色和棕色。它们会在树根或落叶层底下结一个薄薄的金棕色茧，在里面化蛹。

遗传独特性的族群

2016 年的一项 DNA 研究表明，与西班牙其他山区的西班牙月蛾种群相比，法国阿尔卑斯山的西班牙月蛾种群与比利牛斯山脉的西班牙月蛾种群关系更为密切，但每个种群都由独立、独特的基因组成，这一事实也证明了尽可能保护一个物种更多种群的重要性。

西班牙月蛾被认为是进化树分支的早期分支，该分支还包括非洲的马达加斯加月亮蛾和欧亚大陆与北美洲的尾大蚕蛾属（*Actias*）蛾类，例如月尾大蚕蛾和印尾大蚕蛾（*Actias selene*）。西班牙月蛾已经与印尾大蚕蛾在圈养环境下杂交——这清楚地表明了它们之间关系密切，也支持了一些认为印尾大蚕蛾应该同样属于尾大蚕蛾属的观点。

针叶的蚕食者

西班牙月蛾取食松树的针叶，并且偏好本土原生的寄主植物。

出于保育上的顾虑，人们对西班牙月蛾进行了监测，结果显示，有地理隔离的族群之间存在显著的遗传差异

Elophila nymphaeata
褐斑塘水螟
翅纹精致的美蛾

科	草螟科（Crambidae）
显著特征	小而精致的蛾，翅膀上有繁密的花纹
翅展	16 ～ 20 毫米
近似种	外形上与数种非水生的草螟蛾相似，例如塘水螟（*Nymphula nitidulata*）和特锥须野螟（*Synclera traducalis*）

　　褐斑塘水螟分布广泛，在欧洲及亚洲均有分布。具有茶棕色与白色相间斑纹的它们在湿地周围相当普遍，在夏季活动。

水生习性

　　虽然褐斑塘水螟和其他塘水螟属（*Elophila*）蛾类看起来可能与草螟科的其他小型蛾类相似，但其幼虫的水生习性使它们与众不同。浅棕色的幼虫会用两片从寄主植物（如水塘草和睡莲）上切下的叶子制成扁平的椭圆形外壳，并将它们绑在一起形成一个钱包状的庇护所。每只幼虫都漂浮在它自己的壳巢里，在寄主植物之间移动，随着成长，幼虫会建造越来越大的庇护所。秋季孵化的幼虫也会利用浮萍叶制作壳巢，更成熟的幼虫偶尔也会取食漂浮在水面上的芦苇碎片。

水中呼吸

　　一些塘水螟，包括褐斑塘水螟，它们的水生生活方式导致了气管鳃（气管在体外的延伸）的发育，用以从水中获取氧气。在冬季，幼虫在充满水的壳巢表面下滞育并利用鳃呼吸。在春季，它们浮出水面并再次将壳巢充满空气。

　　准备化蛹时，幼虫会将其终龄的壳巢附着在水生植物的茎上（大约在水面下 50 ～ 100 毫米的地方），并在茎上打一个洞，以便在进入蛹期阶段时能够从植物中获取氧气。

叶状巢

褐斑塘水螟的幼虫会将睡莲叶切成特定大小与形状的碎片，并用丝将其绑在一起做成钱包状的庇护所，空气会被捕获到巢内，这使它们能长时间待在水下。

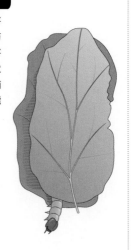

褐斑塘水螟的后翅（此图中被遮住）
翅纹和前翅相似，但有更明显的棕褐
色或黑色波状斑纹

Panolis flammea

小眼夜蛾

花样缤纷的松树取食者

科	夜蛾科（Noctuidae）
显著特征	前翅上有两个大型奶油色斑纹
翅展	32 ～ 40 毫米
近似种	其他小眼夜蛾属的物种，例如分布于东南亚的羽斑小眼夜蛾（*Panolis variegatoides*）

　　小眼夜蛾是一种常见于欧洲松林中的蛾类，东至西伯利亚西部和小亚细亚半岛，北至北极圈都有分布。它那迷人且图案丰富的前翅从浓郁的橙棕色到灰色不等，而它的后翅则是棕色的。

寄主植物

　　欧洲赤松、扭叶松，以及冷杉、柏木、刺柏都是它的寄主植物。该物种每年形成一个世代，发生期在 4 月至 6 月。年轻的幼虫以新叶为食，越冬的蛹在树下的针叶堆中过冬。

多变的数目与寿命

　　雌性可以产下 90 ～ 300 个卵。它们在营养丰富的寄主植物上产下大量外形较小的卵，幼虫发育得更快，成虫也活得更久。虽然这种蛾在平均气温为 8℃的地区最常见，但在炎热干燥的夏季，其数量往往会增加，并且会导致随后可能出现的种群激增。

是敌是友

　　与其他地方一样，种群数量暴发是自然循环的一部分，当蛾类的天敌数量增加时，通常会随之出现数量迅速减少的现象。在天然松林生态系统中，小眼夜蛾是食物网的重要组成部分，它为鸟类和其他昆虫提供了营养。然而，人类认为这个物种是扭叶松种植园的害虫。因此，人们鉴定出它的信息素成分，并且已经被人工合成了，雄性小眼夜蛾会被信息素陷阱所捕获，这一方法已用于监测和制定防治措施。

　　➤➤ 在炎热的夏季之后，小眼夜蛾的数量会急速增加，并且会将松林的针叶吃光，但是自然界里的天敌例如寄生蜂和捕食性的鸟类，很快就会将它们的种群数量控制到正常的范围

Sphinx pinastri
松红节天蛾
伪装大师

科	天蛾科（Sphingidae）
显著特征	呈鼠灰色，狭长的翅膀上有黑色条纹，典型的天蛾科物种
翅展	70 ~ 96 毫米
近似种	其他红节天蛾属蛾类，例如松黑红节天蛾和森尾红节天蛾；还有北美洲的黄萤天蛾（*Lapara bombycoides*）

在欧洲大部分地区和亚洲西北部的开阔松林中都能发现松红节天蛾，它与同属的许多其他成员一样，狭窄的灰色翅膀上有垂直的黑色短线图案，这为它们在针叶树树皮上提供了极好的伪装效果。

强力的传粉者

松红节天蛾成蛾会吸饮月见草和其他花朵的花蜜，包括某些兰花，例如挪威的细距舌唇兰（*Platanthera bifoliain*），其花型结构和香味的目的都在于吸引蛾类。松红节天蛾也为二叶舌唇兰（*Platanthera chlorantha*）授粉，研究表明，这种兰花的花香挥发物（吸引传粉者的化学物质）的释放与该种蛾类的活动时间一致。

取食针叶树

雌蛾会广泛散布蛾卵，它们每次会在松针和树枝上产下两到三个卵，新孵化出的幼虫最初呈黄色，头部呈黑黄色。初龄幼虫以针叶的表面为食，但末龄幼虫会吃掉针叶的所有部分，此时的幼虫呈现出带绿色条纹的隐蔽色。成熟幼虫的背部中间会形成一条棕色条纹，在化蛹之前，它们会变成棕色或灰色，然后爬下树干并把自己埋入地下化蛹。虽然它们在分布范围的北部每年发生一个世代，但在更靠南的地方每年则可能发生两代。分布广泛的红节天蛾属当中的其他 27 个物种中，许多也都与针叶植物相关联。

>> 松红节天蛾是取食松树的许多种天蛾之一，其他蛾类也有着独特的地理和生态偏好，如松黑红节天蛾（*Sphinx caligineus*）和森尾红节天蛾（*Sphinx morio*）。幼虫看起来很像的刺柏红节天蛾（*Sphinx dollii*）和杜松红节天蛾（*Sphinx sequoia*）在美国西南部的刺柏和雪松上生长发育

Bupalus piniaria
松粉蝶尺蛾
羽毛状触角

科	尺蛾科（Geometridae）
显著特征	身体细长，羽毛状触角
翅展	30 ~ 40 毫米
近似种	颜色较浅且分布于中国的云冷杉粉蝶尺蛾（*Bupalus vestalis*）

　　松粉蝶尺蛾广泛分布于西亚和欧洲，向东延伸到西伯利亚，每年春季都会发生一个世代，成虫寿命长达两周。一只雌蛾可以小批量产下大约 180 个卵，这些卵沿着松针一串串排列着，三周后孵化。毛毛虫生长发育会经过五个龄期，因为有着隐秘的绿色体色、身上穿插着浅色条纹，它们得以隐藏在松果之中，最后在落叶中化蛹。幼虫会侵害多种针叶树，包括松树、云杉、冷杉和落叶松。

颜色变异

　　雄性成蛾前翅上有一条宽阔的棕色边框，相较于雌蛾，雄蛾的触角呈更标准的羽毛状，颜色也更加鲜亮。这种蛾类前翅为黄色至棕色不等，后翅为橙色。翅膀另一面的白色条纹使它在某些特征上看起来更像蝴蝶，白天飞行的习性和静止时的姿态（停栖时翅膀在胸部上方闭合）更增强了这种相似性。斑带的边缘和斑点可能因地理位置不同而有差异，翅膀的底色从白色（分布偏北的物种）到深黄色（分布偏南的物种）不等。

是害虫还是鸟类的食物

　　虽然这些蛾类在所有生活史阶段都是各种脊椎动物捕食者（尤其是筑巢鸟类）的重要食物，但在某些地区，人类认为其幼虫是松树上的害虫。松粉蝶尺蛾的数量每 5 到 7 年就会达到一个高峰，这是该物种自然周期的一部分。从历史上来看，曾经使用过的防治该物种的方法造成了灾难性的后果：一片英国的松林曾经为了根除松粉蝶尺蛾的毛毛虫从空中喷洒了 DDT，在 50 年后，DDT 残留物仍存在于林地生态系统中，导致该地区野生动物数量显著大幅减少。

卵串

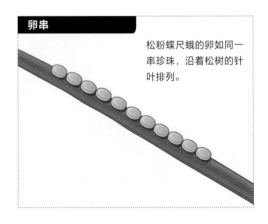

松粉蝶尺蛾的卵如同一串珍珠，沿着松树的针叶排列。

雄性的松粉蝶尺蛾有着羽毛状的大触角，这一结构可以帮助它确定雌蛾的位置

Milionia basalis
橙带蓝尺蛾
引起日本人注意的尺蛾

科	尺蛾科（Geometridae）
显著特征	深色的翅膀，带有虹彩和几何形状的靛蓝色翅纹；带有黑色斑的红、橘色或黄色的色带跨过双翅
翅展	50 ～ 56 毫米
近似种	分布于加里曼丹岛和爪哇岛的闪蓝尺蛾（*Milionia fulgida*）和一些亚种，例如分布于马来西亚和缅甸的橙带蓝尺蛾马来亚种（*Milionia basalis pyrozona*）和分布于日本的橙带蓝尺蛾普氏亚种（*Milionia basalis pryeri*）

在亚洲，从喜马拉雅山东北部到日本都能发现这种蛾，它们在白天飞行，是尺蛾科中最美丽的蛾类之一，而尺蛾科通常包括了许多体色隐蔽的物种。

正在扩张的物种

这种蛾的活动范围一直在扩大：例如，在日本，它曾经只在琉球群岛南部的亚热带常绿森林中出没，但现在已经向北蔓延到了九州岛，并且在那里每年产生多达四个世代。这些蛾以玉蕊（*Barringtonia racemosa*）和半岛马来西亚山区的鱼柳梅（*Leptospermum flavescens*）花朵的花蜜为食，在春季和仲夏达到种群数量高峰，但在气候温和的九州岛，即使在初冬它们也会出现。

警戒色彩

雌蛾在寄主植物的叶片上产卵，包括陆均松属（*Dacrydium*）和罗汉松属植物；其幼虫会危害常被用作庭院观赏植物的罗汉松。成熟后的幼虫用一根丝线吊着从树上垂下来，并且在寄主植物下方的土壤中化蛹。幼虫具有橙色的头部和橙色的最终体节，它们从罗汉松属植物的叶子中获得有毒的化学防御物质（并且会传递给成虫），因而受到保护。它们将艳丽的体色作为毒性警戒信号来防御捕食者，而不使用在其他尺蛾中很常见的伪装策略。毛毛虫从罗汉松当中所获得的化学物质非常有效：在实验室研究中，这种化学物质能杀死以橙带蓝尺蛾幼虫为食的掠食性蜡类。

➤➤ 美丽的橙带蓝尺蛾在幼虫期取食罗汉松属植物，此图展示了"趋泥行为（puddling）"，即从潮湿的土壤中吸取微量元素，这种行为常常在日行性的鳞翅目昆虫雄虫中出现

Cydia piperana
黄松小卷蛾
闪亮却又具隐蔽性

科	卷蛾科（Tortricidae）
显著特征	翅膀有光泽但色彩隐蔽，后翅有横纹
翅展	16～21 毫米
近似种	其他小卷蛾属物种，特别是长叶松小卷蛾（*Cydia ingens*）、松球果皮小卷蛾（*Cydia toreuta*）和离小卷蛾（*Cydia erotella*）

尽管黄松小卷蛾是 11 000 种卷蛾科的成员之一，但它的幼虫并不生活在卷叶中，反而是钻入松果取食。

松树爱好者

这个物种的名称反映出了其幼虫的食物，它们以西黄松（*Pinus ponderosa*）和加州黄松（*Pinus jeffreyi*）的种子为食。这种棕灰色蛾类的后翅条纹有助于在它们在松树树皮上伪装自己。它们分布在北美洲落基山脉以西，幼虫可能在球果的髓部越冬，成虫会在次年 2 月至 6 月活动，具体活动时间取决于它们所在的地理位置。

像害虫一样被对待

人类认为这种飞蛾是一种害虫，因此已成功开发出合成化学引诱剂来捕捉它们。几乎相同的化学物质也被确认为松球果皮小卷蛾性信息素的主要成分，松球果皮小卷蛾是黄松小卷蛾的近似物种，以美国东部和加拿大的美国赤松（*Pinus resinosa*）和北美短叶松（*Pinus banksiana*）为食。一项对美国亚利桑那州北部西黄松球果的调查显示，黄松小卷蛾的幼虫在发育过程中仅破坏每个松果中的 1.3～7.6 颗种子，但在加拿大不列颠哥伦比亚省，这种毛毛虫可能会破坏每个松果中高达 50% 的种子。

>> 黄松小卷蛾是囊括了200多个物种的小卷蛾属成员之一，本属中最臭名昭彰的苹果蠹蛾会取食苹果等水果。在欧洲，黄松小卷蛾能取食所有被真菌盘踞生长破坏的松树树皮

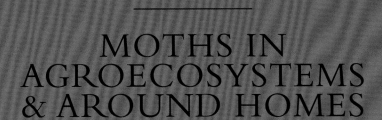

MOTHS IN AGROECOSYSTEMS & AROUND HOMES

农业生态系统与
人类住所周边的蛾类

在人类社会中生存的蛾类

一千多年前，全世界仅有 4% 的宜居土地被开垦耕作，而如今这一比例已经上升到了 50%。曾经是天然生物群落的大片土地现在都被用于耕作：大草原上种植了小麦，曾经是森林的地方种满了玉米，而大豆和棕榈种植园取代了丛林。人类为了维持不断增加的人口，已经改变了地球的自然景观，因此，包括蛾类在内的其他生物一直在努力适应和生存。

改变寄主植物

现今集约化耕种的农作物是鳞翅目昆虫早已取食上千年的野外植物的改良品种，那些被运输到世界各地的花园和庭院里面的奇花异草也是如此。曾经取食野生十字花科植物的小菜蛾和粉纹裳蛾，目前已经在持续取食栽培的十字花科植物了，无论它们叫甘蓝还是叫包菜，因为吸引蛾类的是那些植物特有并且有轻微刺激性味道的次生化学物。烟草天蛾仍然是受到尼古丁的吸引而来，如同烟草还在野外生长的时候一样。木樨榄（ *Olea europaea* ）已经被栽培数千年之久，它有一个野生的祖先种野生木樨榄（ *Olea europaea silvestris* ），能吸引包括油橄榄巢蛾（ *Prays oleae* ）在内的一些物种，这种蛾的幼虫仍然会钻食橄榄树的叶片。

作为所有鳞翅目物种的一部分，这些以农作物为目标的蛾类在数量上相对很少，但是目前这些被称为"害虫"的昆虫造成了全世界每年将近 700 亿美元的农作物生产经济损失，而数百万乃至更多的花费也正被用于研究限制它们攻击的更复杂的策略。

⋏ 粉纹裳蛾成虫可以产下大量的卵，通常是单产。它那凶猛的幼虫可以取食各式各样的寄主植物，十字花科植物的甘蓝仅是其食谱中的一小部分

⋙ 由于体型大，烟草天蛾毛毛虫是被研究得最为透彻的物种之一。成熟的毛毛虫会到处寻找适的位置以在地下化蛹，它们会做一个蛹室并用唾液去加固蛹室（这些幼虫不会纺丝）

蛾类害虫大作战

在对抗高度入侵性物种的战争中，例如偏好玉米的谷实夜蛾（见 274～275 页），或是幼虫取食果园水果的苹果蠹蛾，昆虫学家和种植者实施了有害生物综合治理（integrated pest management, IPM）这一策略。

抗药性

杀虫剂目前被广泛地使用，但是它存在很大的缺点：只要有一个抵抗型存活下来，下一代的幼虫非常有可能产生抗药性，而毛毛虫们就会很快地适应这种化学物质。因此杀虫剂在引入使用的仅仅几年后就会变得没有效用（病菌也是以相同的方式发展出抵抗抗生素的能力），而且由于许多杀虫剂也会杀死毛毛虫的自然天敌，一旦毛毛虫获得对化学物质的抗药性，它们会增殖得更快。

迁徙的害虫

昆虫当从原生分布区域转移到新的地区，由于缺少了自然天敌来正常地控制它们的种群数量，往往会成为害虫。这就是为何国际机场要强制实施严格的检疫法规，尽管如此，害虫仍常常伴随着进口农产品或园艺植物偷偷潜入。与农作物业制造商一起工作的研究者有时候会引进害虫的原生天敌并繁殖与释放，试图抑制害虫物种的暴发。最有名的毛毛虫自然天敌是寄生蜂，它们倾向于攻击特定的蛾类属甚至单一物种，然而，引进这类毛毛虫天敌危险之处在于，它们很可能会转而攻击本土的动物物种，进而产生新的问题。

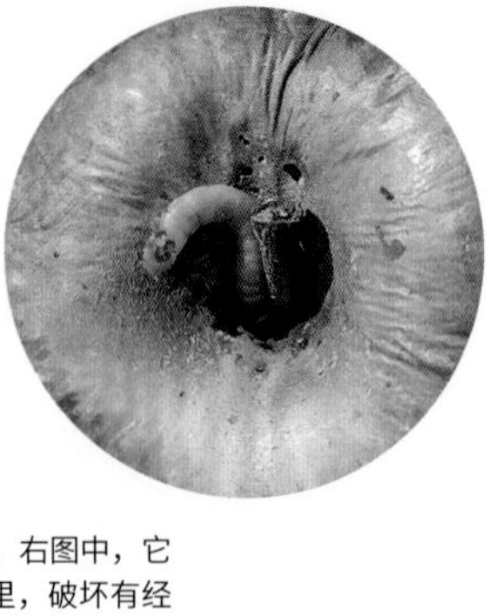

◂◂ ↗ 左图为苹果蠹蛾。右图中，它的幼虫钻入苹果和梨子里，破坏有经济价值的农作物

足智多谋的防御

在实际操作中，几乎无法将亚曲实夜蛾与臭名昭彰的近缘种烟草夜蛾区别开来，它仅以灯笼果（洋酸浆属植物，*Physalis* spp.）为食，会在包覆果实周围的苞叶上咬开一个入口，随后这些叶子就成为毛毛虫的庇护巢。科学家已经证实，大多数的植物在毛毛虫取食它们的时候会释放出一种化学警告讯号，而亚曲实夜蛾毛毛虫得益于它独特的饮食习性，已经在取食这些果实时发展出了化学隐蔽性，对那些靠气味捕猎的拟寄生蜂仍可以保持"隐身"状态。亚曲实夜蛾相对比较稀有，而烟草夜蛾则是广泛分布的，它会破坏包括烟草、甘蓝、甜瓜乃至苜蓿、棉花和豌豆在内的各种作物。了解害虫的生物学和分类学是相当重要的，它能够用来区别有益的和从人类的观点看来不那么好的蛾类物种。

取食灯笼果

亚曲实夜蛾的毛毛虫已经发展出住在灯笼果果实上的独特能力，灯笼果果实缺乏亚麻酸，这是其他蛾类物种幼虫饮食所需要的物质。正是由于缺少这种化学物质，拟寄生物找不到这些蛾类的幼虫，也就无法保护植物了。

食物与庇护巢

亚曲实夜蛾的毛毛虫可以住在洋酸浆属植物的果实上的独特能力使它们具有化学隐蔽性，可以保护它们免受拟寄生物攻击。只有在叶片（而非果实）遭到毛毛虫取食攻击时，植物才会产生带有求救讯号的挥发性化学物质，而被拟寄生物侦测到。除此之外，用来保护果实的灯笼状苞叶可以为毛毛虫提供用于生长发育和化蛹的庇护巢。

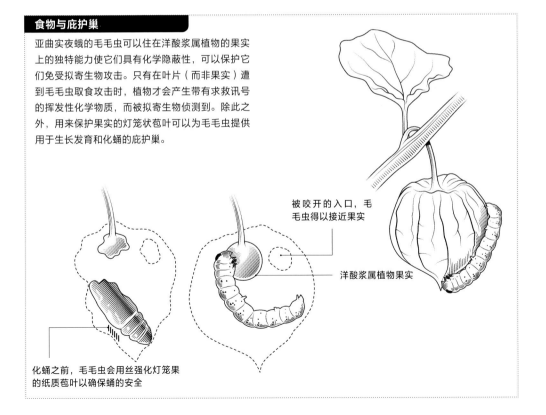

被咬开的入口，毛毛虫得以接近果实

洋酸浆属植物果实

化蛹之前，毛毛虫会用丝强化灯笼果的纸质苞叶以确保蛹的安全

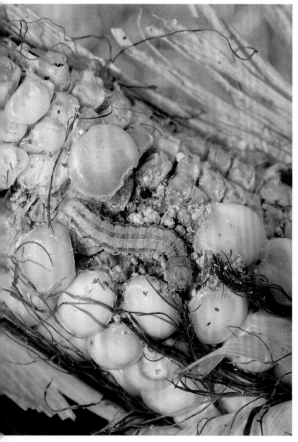

信息素陷阱

　　监测是智能害虫防控方式中的一项重要内容：喷洒杀虫剂的时机至关重要，既要能够达到最大效益，又要将不良副作用降到最小。信息素陷阱已经成为害虫防控实操工作的一部分，因此研究人员常常致力于从蛾类信息素出发，分析其化学组成，测定其效能，并且最后合成可供商用的人工信息素。信息素陷阱可以揭示有多少害虫在田间或果园中出现，尽管用陷阱捕获的害虫仍有问题（因为被捕获的几乎总是雄虫，雌虫仍然可以自由地产卵），但释放合成信息素有时候还是可以扰乱正常交配过程，从而减少虫害。

与害虫搏斗的新技术

　　在某些案例中，科学家利用细菌、病毒之类的微生物来攻击昆虫，他们在研究室内复制微生物然后将其作为"天然的"杀虫剂使用。例如，颗粒体病毒（*Granulosis virus*）是一种杆状病毒，已经被用于对抗那些会取食粮食与各式各样加工食品的印度谷螟（*Plodia interpunctella*）。苏云金芽孢杆菌（*Bacillus thuringiensis*，Bt）对许多幼生期的昆虫来说是一种致命的细菌，包括蛾类毛毛虫和蛹在内，目前它已经成为一种用于防治多种害虫的有效工具。然而，与杀虫剂一样的是，昆虫能够发展出对病原体的抵抗力，例如，将谷蛾种群暴露在低水平的颗粒体病毒之下可以显著增加它们的子代对病原体的抵抗力。

　　另一种策略是通过释放不育蛾来减少

族群数量。过去，这种方式的实现方法是先饲养繁殖，再用辐射处理这些昆虫并将其释放。2020 年的诺贝尔化学奖颁给了发现 CRISPR（Clustered Regularly Interspaced Short Palindromic Repeats，意即规律性重复短回文序列簇）的研究者。这是一种基因体编辑技术，已有各式各样的医学研究应用，且目前已经用于探明鳞翅目的沉默基因的功能。目前有人提出，靶向基因组编辑在未来可能有助于对抗害虫，例如大量培育能够与野外同类交配但却无法繁殖的个体，导致不孕的卵进而减少虫害。

还有的策略是通过选择更加耐虫害的作物品种来改变农作物的遗传特性，人们将经受虫害后存活下来的植物产生的种子再次播种，这样的过程在有意无意之间其实已经实施了数千年。现在，改变农作物的遗传特性已有了额外的捷径，甚至包括将细菌的 DNA 并入作物种类的 DNA 中，使植物能够自己生成杀虫剂。

尽管少数害虫的所有负面影响抹黑了 10 万多种有益蛾类物种的形象，但我们今日对蛾类生物学的大部分了解要归功于研究者致力于研究的这些"经济上重要的"蛾类，它们的取食习性对农业破坏性极大。"害虫"一词是人类造出的，在人类活动不存在的情况下，没有任何一种生物是害虫，是人类为了创造出"完美"的环境而给某些物种贴上了害虫这一标签，理解这些昆虫便是向着欣赏这群奇特的生命迈出的第一步。

在一个果园里的信息素陷阱，用于吸引和消灭羽蛾和苹果蠹蛾。相较于使用杀虫剂，这是一种比较符合环境安全需求的减少虫害的方式

从加拿大到阿根廷都有谷实夜蛾分布，在新大陆它是造成重大损失的害虫之一。鉴于它能取食各式各样的农作物，并且能抵抗许多杀虫剂，人们目前已采用了额外的有害生物综合治理策略来进行防控，例如使用拟寄生物进行生物防治，以及通过深耕来消灭土里的蛹

用杆状病毒防控虫害的功效在这里已经被证实了，苹果蠹蛾的幼虫在感染该病毒之后，身体变黑然后死去

在仓库和人类住所中的蛾类

有些蛾类，像是印度谷螟，已经演化出取食加工处理过的粮食产品（例如面粉或营养麦片）的能力，而臭名昭彰的幕谷蛾最著名的能力是它能够消化角蛋白，这是一种出现在天然纤维中的营养丰富的蛋白质。

⌃ 印度谷螟取食谷类农作物，但也常见于住家房舍和仓库设施中，它们在这些地方侵扰干燥的植物性食物，因此它们也被称为pantry moths、flour moths或grain moths，意即仓库蛾、面粉蛾或谷粮蛾

谷蛾

在存放粮食与粮食产品的地方，昆虫都会迅速地出现，包括一些蛾类物种。麦蛾（*Sitotroga cerealella*）最早在法国被描述记载，但它真正的起源却未可知，现今这个物种已在世界各地广泛分布，其微小且像蛆的幼虫会钻洞进入正在生长或贮藏的谷物的胚芽内，然后使其变得无法食用。雌蛾可以在各处谷物之间产下将近100颗卵，因此这个物种很容易在运输过程中散播。单一颗谷物内可以有三只幼虫同时发育取食（虽然只有一只幼虫是比较平常的情况），有时候它们会制造丝状通道连接附近的食物。灰褐色成虫有着弯曲的后翅，这是它独特且可供辨识的特征。

印度谷螟分布在除了南极洲之外的每一块大陆，它那小而白的毛毛虫也取食粮食，还能咬穿塑料或纸板。它的成虫不进食，有着褐色的前翅、白色的后翅和棕白色的身体，它会在食物与衣物上繁殖。

命运多变。这类谷蛾不仅仅被定义为害

虫，也为人类服务：许多有益的物种是用麦蛾的卵饲养的，从普通草蛉乃至亚洲玉米螟赤眼蜂（Trichogramma ostriniae，一种微小的卵寄生蜂，用于防治另一种可怕的害虫欧洲玉米螟，Ostrinia nubilalis）。为了将来有害生物综合治理能够成功实施，学者试图去探明鳞翅目的遗传学特性，印度谷螟已经成为一种研究上的模式生物，它的全基因组已被测序，并且有将近 85 000 个独特基因已被识别。

衣蛾

　　在人类住所环境中觅食的各种蛾类毛毛虫当中，幕谷蛾和带壳衣蛾（Tineola pellionella）两者都是谷蛾科成员，是最有名也是最广布的蛾类。它们演化上的成功离不开人类的许多帮助，幕谷蛾的扩散已经被记载了无数次，例如在 1879 年的《"挑战者号"博物学家笔记》（Notes by a Naturalist on the "Challenger"）中，亨利·诺特里奇·莫斯利（Henry Nottidge Moseley）讲述了他在英国科学航海远征中的发现。早在公元前 5 世纪，古希腊剧作家阿里斯托芬（Aristophanes）便描述过衣蛾的破坏能力，就像罗马的普林尼对基督教徒所做的那样。幕谷蛾似乎已经将其种群扩散到远至北方的苔原地区，但是它在热带地区的开拓似乎不太成功。

　　幕谷蛾的幼虫能取食各式各样的食物，它们不仅仅在羊毛上被发现，也在鱼粉、肉干、某些药品、昆虫遗骸中，甚至在木乃伊化的人类尸体上被发现。它们在演化上的成功很大程度上要归功于它们消化角蛋白的能力。幕谷蛾的成虫体型小，呈米色或浅黄色，有着狭窄的前翅，如果没有专业知识背景和解剖或分子技术的使用，很难将其与谷蛾科的其他蛾类区分开来。雌蛾可以产下多达 200 颗卵粒，幼虫会隐藏在丝质隧道中，直至生长发育到五六个龄期，有时候它们还会经历许多额外的蜕皮。和所有的蛾类一样，它们最终的体型大小很大程度上取决于食物的质量。蛹的重量为 3 ～ 10 毫克，翅展为 9 ～ 16 毫米。相较于干净的织物，它们偏好脏污的织物，并且会远离薰衣草喷雾剂、樟脑丸或樟脑片。

　　↖ 麦蛾在单一个谷粒中生长发育，如此图所示，它会将谷粒挖空

　　↖ 幕谷蛾的幼虫能对衣物（特别是那些用羊毛制成的衣物）造成破坏，因而广为人知

Terastia meticulossalis

刺桐蛀果螟

刺桐豆杀手

科	草螟科（Crambidae）
显著特征	休息停栖姿态像一个螳螂的头
翅展	25 ~ 46 毫米
近似种	非洲刺桐蛀果螟蛾 Terastia africana （非洲），亚刺桐蛀果螟蛾 T. subjectalis （亚洲）

刺桐蛀果螟以其幼虫所取食的植物命名，它广泛分布于美国的卡罗来纳州、加利福尼亚州，往南一直到南美洲的阿根廷。成虫的体型大小不同，这是由生命早期阶段的饮食差异所造成的；在佛罗里达州，春季时幼虫在刺桐（*Erythrina herbaceae*）富含营养的豆子上取食，发育出来的个体比起夏季和秋季在茎内取食成长发育的幼虫个体还要大。成蛾能够存活数周，有很强的飞行能力，并且可以长距离迁徙扩散。

独特的姿态

成蛾停栖时的姿势很独特：它们会将腹部朝上。腹部的鳞片形成中空的腔室，从某个特定角度来看这一结构像是第二个头，看起来就像一只螳螂。

刺桐属寄主植物

雌性成虫会将卵产在寄主植物新鲜枝条或形成的豆荚上，包括所有的刺桐属植物（*Erythrina* spp.），这类植物因具有火焰般的红色花朵而备受园艺师的青睐。刚孵化的刺桐蛀果螟幼虫会钻入豆荚或茎中，并在逐渐长大的过程中将豆荚与茎挖空，直到化蛹的时候才会离开，而且它们会在寄主植物附近或在叶子之间纺制坚硬的双层茧。

一种新兴的害虫

一般来说，刺桐蛀果螟会与周遭的环境维持平衡，尽管在历史上，它的盛行曾限制了佛罗里达州的刺桐树的栽培种植。刺桐蛀果螟在美国加利福尼亚州曾经很罕见，但由于刺桐是很受欢迎的观赏植物，因此这种蛾在过去十年中变得更为常见，并且会侵害苗圃中的幼苗。由于喷洒药物并不会影响在茎内取食的幼虫，因此在未来，信息素陷阱可能会成为一种更有潜力的虫害防治方法。

蛀茎虫

刺桐蛀果螟幼虫会先钻进一片叶的叶柄，然后前进到茎干并且挖空它的中心，造成年轻植株的顶端或成熟树木的新鲜枝条死去。

美国佛罗里达州的一只刺桐蛙果螟，
这种蛾在休息时腹部会朝向上方，并
因特殊的鳞片而膨胀，这个姿态和中
空凸起可能是为了模拟捕食者的头部
和眼睛，例如模拟一只螳螂

Hyphantria cunea

美国白蛾

丝网的编织者

科	目夜蛾科（Erebidae）
显著特征	雪白色的蛾，有时候翅膀上有小型深色斑
翅展	35 ~ 42 毫米
近似种	其他白色的裳蛾，例如雪灯蛾属（*Spilosoma*）和黄毒蛾属（*Euproctis*）的蛾类

美国白蛾因其幼虫具有入侵性而被广泛研究，这种蛾原产于北美洲，但现在它们也出现在中美洲，而且自 1940 年以来，欧洲大部分地区以及东亚（从蒙古到日本）也都有分布。无论这个物种被引进到哪里（通常是在运输它的寄生植物的过程中被引进），它都会通过自然的方式扩散传播，并且逐渐稳定，进而扩大分布区域。

活动习性

这种蛾通常在傍晚出现，并在日出之前交配。雌蛾可以在各式各样的落叶树上产下成批大小不同的卵群，数量多达 1900 个，并且雌蛾会用腹部的毛覆盖卵群。在其分布范围的偏北部，它们可能一年只发生一个世代，但在更南部，它们可能一年发生多达四代。成蛾不再进食，可以存活大约一周。

秋季的网

美国白蛾的毛毛虫整体毛茸茸的，它一开始呈黄色并带有黑点，长大成熟后体色会略微变深一些。有些幼虫个体的头部还会带有红色。在秋天，它们会纺织出令人惊叹的丝质巢穴，这些丝网能从植物尖端一直延伸到整个树枝。在前一个树枝的叶片被取食殆尽后，它们便成群结队地移动到新的树枝上，有时候它们的网能够覆盖整棵树。巢穴的密度有助于捕获热量，保持恒温，并保护虫群免受捕食者的攻击。幼虫成熟时，如果有其中一只感觉到危险，所有的幼虫会同步摆动，营造出一种毛毛虫在跳舞的壮观景象。为了防控它们，人类除了使用杀虫剂，还需要及时移除和摧毁出现的巢穴。

丝绸般的巢

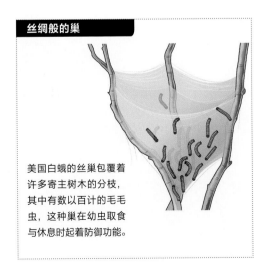

美国白蛾的丝巢包覆着许多寄主树木的分枝，其中有数以百计的毛毛虫，这种巢在幼虫取食与休息时起着防御功能。

美国白蛾可能呈纯白色，也可能身上有斑点

Zeuzera pyrina

梨豹蠹蛾

有斑点的白色害虫

科	蠹蛾科（Cossidae）
显著特征	白色且有虹彩闪光的深色斑，呈锯齿状的触角基部宽大但是先端渐缩
翅展	35 ~ 60 毫米
近似种	五种其他豹蠹蛾属（*Zeuzera* spp.）蛾类物种；分布于美国的大豹灯蛾

  本种以其幼虫而闻名，它被认为是果园和橄榄树的害虫，这种大型又可爱的蛾类在欧亚大陆和北美洲都有分布，并且于 19 世纪在美国首次被记录。其雌雄两性外观相似，但是雄蛾的体型更小且触角呈更宽的羽毛状。它们在羽化之后很快就交配，雌蛾通常集中地将数百颗卵产在树皮的缝隙中。

吃树木的毛毛虫

  幼小的幼虫很快会分散开来，并且开始钻洞进入新生长的活木中，尤其是嫩枝和树梢，之后的两到三年里它们会以木材为食，有时候在它们化蛹之前便会造成树木死亡。然而，在提供大豆、奶粉、酵母和甜菜浆混合饮食并人工圈养的环境中，它们在三四个月里就能长大。

防治方法

  果园种植者发现，要对付木蠹蛾和其他蛀木物种是很困难的，因为杀虫剂无法进入它们在树干挖掘的隧道里。在保加利亚，这种木蠹蛾摧毁了老苹果园中高达 30% 的树木，许多木蠹蛾在 6 月到 9 月之间会被信息素陷阱捕获，这意味着这是使用杀虫剂减少成虫数量的最佳时机。在伊朗，它们是核桃树的害虫，研究人员探究了利用寄生虫（线虫）来进行虫害防控的可行性。而在意大利的苹果园，分配合成的蛾类信息素已经被证明可以有效影响交配行为，降低果树虫害水平。

末端渐缩的触角

梨豹蠹蛾的触角呈高度锯齿状，其基部宽大，朝向先端处渐渐缩小，这一特征在雄蛾上尤其明显。

梨豹蠹蛾在幼虫期蛀食木材，并且会破坏各式各样的果树，从中东地区的橄榄树和胡桃树一直到意大利的苹果园都曾备受侵扰。在自然状况下，这种蛾也可以在100多种不同的野外寄主植物上生长发育，例如枫树和榆树，但是它们并不会对这些树木种群造成严重的伤害

Helicoverpa zea
谷实夜蛾
入侵性的农作物破坏者

科	夜蛾科（Noctuidae）
显著特征	前翅和后翅中央常有一个深色斑
翅展	32 ~ 45 毫米
近似种	其他柯夜蛾属（*Chloridea* spp.）的蛾类，例如烟草夜蛾

　　这种不起眼的黄棕色飞蛾会孵化出贪婪的幼虫，它们是美洲最具破坏性的昆虫之一。谷实夜蛾以各式各样的野生植物和农作物为食，包括玉米、大豆、番茄和棉花。

庞大的族群

　　这种蛾类主要在夜间活动，白天它们会躲在植被中，只在夜里出动取食花蜜，它的寿命通常为 5 ~ 15 天，但偶尔可以达到一个月之久。从羽化后的第三天到死亡的这段时间内，雌蛾可以在玉米穗和许多其他野生及栽培物种的穗上产下 500 ~ 3000 颗卵粒。这种蛾飞得很快，每年都会迁徙到它分布范围的北部地区进行繁殖，并在气流的助力下抵达高海拔地区。谷实夜蛾很难在严冬中生存，它们倾向于在气候温暖的地区繁殖和越冬。

同类相食的幼虫

　　正如谷实夜蛾的俗名（玉米铃夜蛾）所暗示的那样，它的幼虫以成熟的玉米穗以及玉米和其他作物的叶子和花序为食。幼虫一开始成群觅食，成长快速的个体会吃掉自己的同伴，最后每个部位只会剩下几只成熟的幼虫，它们甚至会攻击并吃掉其他鳞翅目昆虫的幼虫。

高昂的防治花费

　　本种幼虫能快速对化学物质产生抗药性，由此造成农作物的损失和害虫防治费用，仅仅在美国每年的花费就高达 2.5 亿美元。除了使用杀虫剂之外，还可以利用寄生蜂（例如侧沟茧蜂属 *Microplitis*）来抑制谷实夜蛾种群数量，以及在播种期采取深耕田地、作物轮作和使用转基因抗害虫作物等方式来防治虫害。

> ≫ 谷实夜蛾是一种会在较温暖地区（甚至是荒漠）越冬的迁徙性蛾类，它取食开花植物的花蜜，例如此图中的蓟，为长距离飞行补充能量

GLOSSARY
术语表

贝氏拟态 一种无害的、可食的并且通常也比较稀有的物种（例如透翅蛾），在形态、色型和行为上模拟另一种不可食的、通常比较常见的物种（例如胡蜂），从而获得一定的保护，免于天敌侵扰。

产卵器 昆虫雌虫用以产卵的器官。

产卵行为 卵生动物将卵从母体中排出的过程。

大暴发 对昆虫来说，数量呈现周期性的急剧增加并且持续好几个世代。

单眼 昆虫的单一个眼睛。

粪粒 昆虫的排泄物。

腹足 昆虫幼虫期腹部体节的肉质延伸凸起，用于抓握住基质。

感器 节肢动物的显微器官，用来感知世界（例如味觉、嗅觉）。

刚毛 独特的毛丛或鬃刺，通常与感官有关。

骨化 硬化（通常描述角质层）。

广食性 能够取食许多不同类型的食物，在蛾类幼虫案例中指能取食不同的、不相关的植物种类。

黄昏性 在傍晚时分活动。

喙 鳞翅目昆虫管状的延长的口器，适用于吮吸液体。

基质 生物所生活栖居的表面。

几丁质 由多糖形成的聚合物，用于构成节肢动物（昆虫、蜘蛛或甲壳类）的外骨骼（外层）。

交配囊 雌性蛾类腹部内的一个囊状构造，用于在交配之后储存雄性精荚（大批精子）。

角质层 昆虫的表皮，即昆虫躯体的外层包被物。

截存 用选择性储存的方式来累积物质（例如有些幼虫会从食物中累积保护性化学物质）。

警戒色 具有防御性的鲜艳色彩，示意着味道不佳。

旧大陆 非洲、欧洲和亚洲。

锯齿状 像梳子形状（描述蛾类的触角）。

龄期 用于描述昆虫幼期的生长发育阶段，以蜕皮为节点。

米勒拟态 当两个或更多的物种，对捕食者来说是味道不佳的，它们彼此外观相似暗示了它们都得到了保护。

模式标本 一个新种的描述所依据的一份或一系列标本。正模 (holotype)：单一份标本被指定作为特定物种的"标准"。副模 (paratypes)：一系列的标本，如果原本的正模遗失了，可以从副模中选取一个新模 (neotype，新的正模)。

摩擦发声 在昆虫当中，通常是用附足、翅膀或其他身体部位去摩擦粗糙表面来制造声音。

拟寄生物 一种寄生物（例如蜂类或蝇类），其幼虫在宿主（例如一只毛毛虫）体内取食与生长发育，并且最终会杀死宿主。

群集竞偶 雄性昆虫以求偶为目的的聚集行为，例如，为了引起雌性的注意而聚集展示自己。

日行性 在白天活动。

生物群落 一系列相似的栖息地。

吐丝器 某些昆虫（例如蜘蛛）用于纺丝的器官。丝刚分泌出来时为液体，然后固化变为丝线；蛾类幼虫的吐丝器位于口部。

- **臀棘** 蛹体腹部最末端带钩的刺，通常用来将蛹固定于丝垫或茧上。

- **外骨骼** 昆虫的角质层，用于保护和支撑身体，肌肉附着于外骨骼的内壁。

- **下颚须** 口器的感觉附属物，用来"闻"食物并且协助取食。

- **夏眠** 动物为了躲避夏季高温，在一个比较凉爽的地方表现为代谢缓慢、体温下降，进入休眠状态，例如在洞穴或高海拔地区。

- **新大陆** 北美洲和南美洲。

- **形态** 生物的结构；研究这些结构以及不同生物中这些结构彼此之间的相关性（比较形态学），或是研究它们如何运作（功能性形态学）。

- **血淋巴** 相当于昆虫的血液。

- **颜色二态性** 一种动物种群或品系中出现两种颜色；在雄性与雌性之间的颜色差异称为"性二态性"。

- **隐蔽色** 与基质类似、能与基质融合在一起的颜色，与警戒色相反。

- **羽化** 完全变态的昆虫蜕去蛹壳或者不完全变态的幼虫最后一次蜕皮而变为成虫的过程。

- **趾钩** 鳞翅目幼虫腹足底部的钩，能让它可以紧握住基质（生活栖居的表面）。

- **滞育** 一种生长发育暂停、静止不动延长存活时间的状态，是由环境改变诱导以及主要激素活动转变所产生的（例如冬季滞育）。

- **族** 在亚科下、属级以上的一个分类阶元。

MOTH FAMILIES
蛾类分科名录

主要蛾类分科名录，包括已经被描述记载的属和物种数目。用 * 标示的为本书中有提到的科群。

* 毛蛾科 Acrolophidae　5 属 300 种
长角蛾科 Adelidae　5 属 294 种
* 翼蛾科 Alucitidae　9 属 216 种
* 澳蛾科 Anthelidae　9 属 94 种
小钟蛾科 Apatelodidae　10 属 145 种
银蛾科 Argyresthiidae　1 属 157 种
列蛾科 Autostichidae　72 属 638 种
* 蛙蛾科 Batrachedridae　10 属 99 种
遮颜蛾科 Blastobasidae　24 属 377 种
* 蚕蛾科 Bombycidae　26 属 185 种
短翅蛾科 Brachodidae　14 属 137 种
* 箩纹蛾科 Brahmaeidae　7 属 65 种
颊蛾科 Bucculatricidae　4 属 297 种
锚纹蛾科 Callidulidae　7 属 49 种
蛀果蛾科 Carposinidae　19 属 283 种
* 蝶蛾科 Castniidae　34 属 113 种
* 舞蛾科 Choreutidae　18 属 406 种
* 鞘蛾科 Coleophoridae　5 属 1386 种
* 尖蛾科 Cosmopterigidae　135 属 1792 种
* 木蠹蛾科 Cossidae　151 属 971 种
* 草螟科 Crambidae　1020 属 9655 种
* 蔷潜蛾科 Douglasiidae　2 属 29 种
* 钩蛾科 Drepanidae　122 属 660 种
* 小潜蛾科 Elachistidae　161 属 3201 种
* 桦蛾科 Endromidae　12 属 59 种
邻绢蛾科 Epermeniidae　10 属 126 种
* 裳蛾科 Erebidae　1760 属 24 569 种
绵蛾科 Eriocottidae　6 属 80 种
带蛾科 Eupterotidae　53 属 339 种
尾夜蛾科 Euteliidae　29 属 520 种
* 麦蛾科 Gelechiidae　500 属 4700 种
* 尺蛾科 Geometridae　2002 属 23 002 种
雕蛾科 Glyphipterigidae　28 属 535 种
* 细蛾科 Gracillariidae　101 属 1866 种
* 蝠蛾科 Hepialidae　62 属 606 种
伊蛾科 Immidae　6 属 245 种

拟斑蛾科 Lacturidae　8 属 120 种
* 枯叶蛾科 Lasiocampidae　224 属 1952 种
祝蛾科 Lecithoceridae　100 属 1200 种
* 刺蛾科 Limacodidae　301 属 1672 种
潜蛾科 Lyonetiidae　32 属 204 种
* 绒蛾科 Megalopygidae　23 属 232 种
* 小翅蛾科 Micropterigidae　21 属 160 种
* 美钩蛾科 Mimallonidae　27 属 194 种
蒙蛾科 Momphidae　6 属 115 种
* 微蛾科 Nepticulidae　13 属 819 种
* 夜蛾科 Noctuidae　1089 属 11 772 种
* 瘤蛾科 Nolidae　186 属 1738 种
* 舟蛾科 Notodontidae　704 属 3800 种
* 织蛾科 Oecophoridae　313 属 3308 种
* 菜蛾科 Plutellidae　48 属 150 种
* 丝兰蛾科 Prodoxidae　9 属 98 种
* 袋蛾科 Psychidae　241 属 1350 种
枪蛾科 Pterolonchidae　2 属 8 种
* 羽蛾科 Pterophoridae　90 属 1318 种
* 螟蛾科 Pyralidae　1055 属 5921 种
* 大蚕蛾科 Saturniidae　169 属 2349 种
* 绢蛾科 Scythrididae　30 属 669 种
锤角蛾科 Sematuridae　6 属 40 种
透翅蛾科 Sesiidae　154 属 1397 种
* 天蛾科 Sphingidae　206 属 1463 种
* 展足蛾科 Stathmopodidae　44 属 408 种
网蛾科 Thyrididae　93 属 940 种
* 谷蛾科 Tineidae　357 属 2393 种
冠潜蛾科 Tischeriidae　3 属 110 种
* 卷蛾科 Tortricidae　1071 属 10 387 种
* 燕蛾科 Uraniidae　90 属 686 种
尾蛾科 Urodidae　3 属 66 种
木蛾科 Xyloryctidae　60 属 524 种
* 巢蛾科 Yponomeutidae　95 属 363 种
冠翅蛾科 Ypsolophidae　7 属 163 种
斑蛾科 Zygaenidae　170 属 1036 种

RESOURCES
参考资料

书籍

Conner, W. E., ed. *Tiger Moths and Woolly Bears: Behavior, Ecology and Evolution of the Arctiidae* (Oxford University Press, 2009)

Crafer, T. *Foodplant List for the Caterpillars of Britain's Butterflies and Larger Moths* (Atropos Publishing, 2005)

Lees, D. C. and A. Zilli. *Moths: A Complete Guide to Biology and Behavior* (Smithsonian Books, 2019)

Marquis, R. J., S. C. Passoa, J. T. Lill, J. B. Whitfield, J. Le Corff, R. E. Forkner, and V. A. Passoa. *Illustrated Guide to the Immature Lepidoptera on Oaks in Missouri* (U.S. Department of Agriculture, Forest Service, Forest Health Assessment and Applied Sciences Team, 2019)

Miller, J. C. and P. C. Hammond. *Lepidoptera of the Pacific Northwest: Caterpillars and Adults* (USDA, 2003)

Miller, J. C., D. H. Janzen, and W. Hallwachs. *100 Caterpillars: Portraits from the Tropical Forests of Costa Rica* (Harvard University Press, 2006)

Porter, J. *The Colour Identification Guide to Caterpillars of the British Isles* (Brill, 2010)

Powell, J. A. and P. A. Opler. *Moths of Western North America* (University of California Press, 2009)

Scoble, M. J. *The Lepidoptera: Form, Function and Diversity* (Oxford University Press, 1992)

Wagner, D. L. *Caterpillars of Eastern North America: A Guide to Identification and Natural History* (Princeton University Press, 2005)

Wagner, D. L., D. F. Schweitzer, J. Bolling Sullivan, and R. C. Reardon. *Owlet Caterpillars of Eastern North America* (Princeton University Press, 2012)

Waring, P. and M. Townsend. *Field Guide to the Moths of Great Britain and Ireland*. 3rd edition (Bloomsbury, 2017)

科学期刊文章

Abe, T., M. Volf, M. Libra, R. Kumar, H. Abe, H. Fukushima, R. Lilip et al. "Effects of plant traits on caterpillar communities depend on host specialization." *Insect Conservation and Diversity* (2021)

Brown, J. W. "Patterns of Lepidoptera herbivory on conifers in the New World." *Journal of Asia-Pacific Biodiversity* 11: 1–10 (2018)

Greeney, H. F., L. A. Dyer, and A. M. Smilanich. "Feeding by lepidopteran larvae is dangerous: A review of caterpillars' chemical, physiological, morphological, and behavioral defenses against natural enemies." *Invertebrate Survival Journal* 9: 7–34 (2012)

Heppner, J. B. "Classification of Lepidoptera, Part 1. Introduction." *Holarctic Lepidoptera 5* (Suppl. 1), 148 pp. (1998)

Janzen, D. H. and W. Hallwachs. "To us insectometers, it is clear that insect decline in our Costa Rican tropics is real, so let's be kind to the survivors." *Proceedings of the National Academy of Sciences* 118 (2) (2021)

Kawahara, A. Y., D. Plotkin, M. Espeland, K. Meusemann, E. F. A. Toussaint, A. Donath, F. Gimnich et al. "Phylogenomics reveals the evolutionary timing and pattern of butterflies and moths." *Proceedings of the National Academy of Sciences* 116 (45): 22657–22663 (2019)

Pabis, K. "What is a moth doing under water? Ecology of aquatic and semi-aquatic Lepidoptera." *Knowledge & Management of Aquatic Ecosystems* 419:42 (2018)

Van Ash, M. and M. E. Visser. "Phenology of forest caterpillars and their host trees: The importance of synchrony." *Annual Review of Entomology* 52: 37–55 (2007)

致力于鳞翅目和其他昆虫研究与保育的组织

业余昆虫学家协会（英国）

amentsoc.org

澳大利亚国家昆虫收藏中心

csiro.au/en/Research/Collections/ANIC

虫虫生活（英国）

buglife.org.uk

法国昆虫学家

lepidofrance.com

非洲鳞翅目学者协会

lepsocafrica.org

鳞翅目学者协会（美国）

lepsoc.org

麦奎尔鳞翅目和生物多样性中心（美国）

floridamuseum.uf.edu/mcguire

英国蛾类

ukmoths.org.uk

薛西斯戈灰蝶协会（美国）

xerces.org

有助益的网站网址

非洲蛾类

africanmoths.com

澳大利亚的毛毛虫与它们成虫（蝴蝶与飞蛾）

lepidoptera.butterf yhouse.com.au

生命条形码数据系统

boldsystems.org

虫虫指南

bugguide.net

北美洲的蝶类与蛾类

butterfliesandmoths.org

卵、幼虫、蛹以及蝶蛾成虫（英国）

ukleps.org/index.html

全球生物多样性信息网络

gbif.org

世界鳞翅目寄主植物资料库

nhm.ac.uk/our-science/data/hostplants

互联网博物学家

inaturalist.org

卡比·沃尔夫天蛾科收藏

silkmoths.bizland.com/kirbywolfe.htm

北欧的鳞翅目幼虫

kolumbus.fi/silvonen/lnel/species.htm

鳞翅目与它们的生态学

pyrgus.de/index.php?lang=en

北美洲蛾类摄影师团体

mothphotographersgroup.msstate.edu

西古北区的天蛾科

tpittaway.tripod.com/sphinx/list.htm

维基百科鳞翅目网页

en.wikipedia.org/wiki/Lepidoptera

INDEX
索引
（按字母和拼音排序）

PICTURE CREDITS
图片版权信息